JUILLET 1927

ASSÉCHEMENT DES TERRAINS

MARITIMES & TOURBEUX

LEUR UTILISATION AGRICOLE

Charles BAILLOU

THÈSE AGRICOLE

CHARLES BAILLOU

ASSÉCHEMENT DES TERRAINS

MARITIMES & TOURBEUX

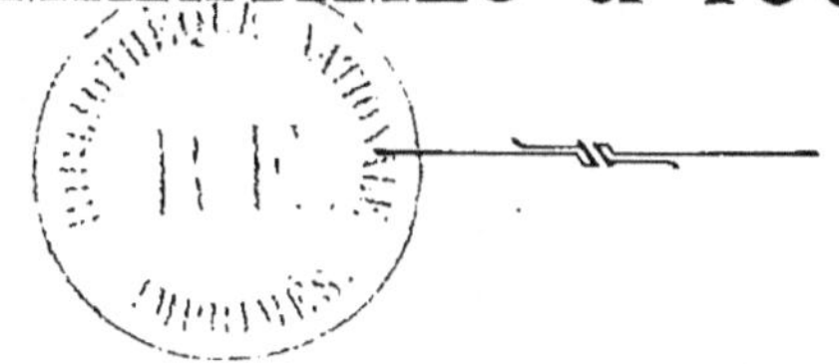

LEUR UTILISATION AGRICOLE

Thèse Agricole
Beauvais 1927

BEAUVAIS
IMPRIMERIE DÉPARTEMENTALE DE L'OISE
26, Rue de Malherbe, 26
—
1927

A mon cher Oncle

M. Maurice LANGLOIS

En témoignage de filiale gratitude

PLAN

INTRODUCTION

La France vient de subir la plus terrible des guerres. Elle en est sortie victorieuse, mais meurtrie et épuisée par plus de quatre années de luttes formidables.

Combattant toujours en première ligne, sa population agricole a été particulièrement décimée ; c'est elle qui a fourni le pourcentage le plus élevé de tués, de blessés et de disparus.

La production agricole a donc été lente à reprendre son essor d'avant-guerre ; pourtant nos besoins alimentaires n'ont pas diminué, et la France a dû faire appel à la main-d'œuvre étrangère pour l'aider à remettre en état les régions dévastées et pour assurer la marche régulière de ses usines.

Nos achats à l'extérieur se sont accrus, occasionnant des exportations d'or et de devises étrangères, et par contre-coup la baisse de la valeur de notre monnaie nationale.

Pour y remédier, il faut produire beaucoup, pour vivre par nous-mêmes et nous passer autant que possible des importations étrangères. En particulier, l'entrée des blés exotiques doit être supprimée, la France, aidée de ses colonies, étant capable de suffire à ses propres besoins.

Nous pouvons affirmer sans craindre d'être démenti que seule l'agriculture peut sauver notre pays et lui permettre de se relever rapidement. Dans ce but, il est essentiel d'augmenter la production du sol, en employant de plus fortes quantités d'engrais chimiques, en utilisant de meilleures semences et en appliquant des méthodes de culture plus rationnelles. Il faut aussi porter au maximum la superficie mise en culture, et c'est ce dernier point que nous avons tenu à étudier tout spécialement ici.

Nous ne vivons plus à une époque où, lorsqu'un peuple se trouvait trop resserré dans les frontières de son pays, il entreprenait une guerre pour annexer de nouveaux territoires et s'agrandir aux dépens de ses voisins. Des moyens plus pacifiques s'offrent à nous ; nous allons essayer de montrer que, sans léser personne, la surface cultivable d'un pays comme le nôtre peut être accrue. Nous y parviendrons en arrachant à la mer certains terrains autrefois recouverts par les flots, en desséchant des marais et en améliorant des terrains incultes.

CHARLES BAILLOU,

Lauréat de la Société des Agriculteurs de France.

Première Partie

Les Polders du Mont Saint-Michel

CHAPITRE PREMIER

Généralités

Historique

La baie du Mont Saint-Michel était bien loin jadis de présenter sa configuration actuelle. Si l'on en croit le témoignage de nombreux savants, les îles Chausey et toutes celles qui constituent à l'heure actuelle l'archipel anglo-normand (Jersey, Serck, Guernesey et Aurigny) faisaient partie du Cotentin ; on raconte même dans la région qu'au temps de saint Lô, mort en 565, la première de ces îles était séparée du territoire de Coutances, dont elle dépendait pour le spirituel, par un simple ruisseau, sur lequel les habitants étaient tenus de fournir une planche servant de passage à l'archidiacre lors de ses visites. Depuis, certains effondrements se sont produits et ont amené les importantes modifications constatées aujourd'hui, et qui se continuent du reste très lentement.

Les travaux d'assainissement des polders ne datent pas d'hier : après les cataclysmes de 709 et 811, où la forêt de Scissy fut engloutie dans les flots, la mer commença à amener et à déposer, sur le territoire envahi, des alluvions de tangue qui s'exhaussaient peu à peu, en sorte que bientôt, certaines parties de la baie ne furent plus couvertes d'eau que lors des grandes marées. Dès cette époque, l'homme essaya de reprendre à l'Océan ces terrains qui, nous le verrons tout à l'heure, constituent des terres agricoles de première valeur.

Les travaux entrepris dans la partie normande de la baie, en face d'Avranches et de Pontaubault, furent assez faciles à conserver ; mais il n'en fut pas de même du côté breton, depuis Cancale jusqu'aux rives du Couesnon, où le déplacement du fleuve et la violence de la mer détruisirent les digues qui y furent sans cesse reconstruites. Il serait fastidieux de raconter la lutte opiniâtre livrée par l'homme à la mer ; nous dirons seulement qu'il se constitua, à la Révolution, un *Syndicat des Marais de Dol ;* il poursuivit la tâche déjà commencée et assainit les 15.000 hectares qu'ils constituaient primitivement. Aussi, en 1850, au Sud et au Sud-Est du Mont Saint-Michel, devant les digues des marais de Dol, que leur position plus avancée mettait hors d'atteinte de la rivière, s'étendaient, à près de 2 kilomètres, d'immenses grèves couvertes de plantes marines, où se nourrissaient misérablement de petits moutons et des oies appartenant aux habitants des côtes voisines (Saint-Georges-de-Gréhaine, Rez-sur-Couesnon, Saint-Marcan, Saint-Broladre, etc.).

Ce fut seulement en 1856 qu'une société riche d'intelligence, d'argent et de temps, la *Compagnie des Polders de l'Ouest,* ancienne *Compagnie Mosselmann,* obtint de l'Etat une concession de 2.800 hectares sur ces lais de mer. Le décret du 21 juillet 1856 imposait à la Compagnie l'obligation d'exécuter à ses frais la rectification de la rivière du Couesnon, sur une longueur d'environ 6 kilomètres, depuis le territoire de **Mirdray** jusqu'au-delà du Mont Saint-Michel. Ce formidable **travail** fut mené à bien après plusieurs années d'efforts et coûta plus d'un million à la Compagnie concessionnaire ; mais, par sa réussite complète, il a assuré définitivement le succès des travaux de création des polders : de ce moment date la conquête méthodique et sûre de la baie du Mont Saint-Michel sur la mer, et presque chaque année de nouvelles étendues sont récupérées. Du reste, onze ans plus tard, la Compagnie obtenait, par un autre décret, celui du 30 novembre 1867, une nouvelle concession de 1.000 hectares.

Origine et formation de la tangue

Lors du flux et du reflux, par le jeu même de ce mouvement, la mer dépose dans la baie du Mont Saint-Michel un sédiment grisâtre, très ténu et qui, mobile quand la marée le baigne, se raffermit en séchant ; on l'appelle la *tangue.*

C'est donc un produit marin résultant avant tout de l'amplitude exceptionnelle des marées sur ce point du littoral (14^{m}50) et du calme des eaux dans cette sorte de cuvette. Le dépôt se fait pour ainsi dire mécaniquement au moment de la pleine mer : les parties les **plus** grossières (tangue vive) sont généralement précipitées sur les fonds recouverts d'une grande épaisseur d'eau, tandis qu'un limon fin et d'une plus grande **valeur** agricole (tangue grasse) exhausse peu à peu les hauts fonds de la grève.

Le limonage se produit parfois lorsque, sous l'influence de pluies exceptionnelles, les petits cours d'eau (Sée, Sélune, Couesnon) qui se jettent dans la baie, augmentant de volume et de vitesse, charrient un limon plus ou moins fin provenant des terres arables qu'ont traversées leurs eaux avant de se réunir en un cours régulier.

La tangue contient principalement des débris de quartz, de mica et de feldspath, provenant de la dectruction des terrains constituant les côtes de la Manche, schistes cambriens et siluriens très diversifiés (leptynolithe, phyllades, grouwackes durcis, etc.), avec filons de granit, de porphyre à amphibole, de diabase très foncée (diorite) et de cette granulite tourmalinifère qui, d'après de Lapparent, forme les îlots du Mont Saint-Michel et de Tombelaine.

La tangue renferme tous les principes chimiques d'un sol de bonne qualité. La présence de l'acide phosphorique semble due à la décomposition des petits poissons plats qui abondent dans cet estuaire. L'élément potassique est fourni par les débris des roches schisteuses et graniques. Le carbonate de chaux y entre dans une forte proportion, 30 à 50 % en moyenne ; il provient vraisemblablement de la trituration des coquilles apportées par les eaux et venant de l'immense banc d'huîtres, de coques et autres coquilles, entourant la baie du Mont Saint-Michel. Quant à l'azote, il n'existe qu'en assez faible proportion et provient des tissus des jeunes mollusques, tués lorsqu'ils rencontrent l'eau douce fournie par les **rivières.**

De Lapparent, dans sa *Géologie,* fait remarquer qu'il existe en outre dans la tangue du chlorure de sodium, et les différents sels entrant en dissolution dans l'eau de mer, notamment des sulfates alcalins ou alcalins-terreux, réduits à l'état de sulfures quand la tangue est fraîche, mais s'oxydant rapidement à l'air et contribuant à augmenter la fertilité de ces alluvions.

La tangue est constituée par des sables qui se présentent sous un aspect grisâtre assez comparable à celui de la cendre ; toutefois, elle est plus ou moins imperméable, ténue ou consistante, suivant les diverses parties de la baie. Ces variétés, différentes au point de vue physique, sont connues sous les noms de tangue *grasse* et de tangue *vive*.

La tangue vive forme un sol plus sablonneux, moins consistant et d'une moindre valeur culturale que la tangue grasse. Celle-ci est plus vaseuse et, en général, d'une teinte un peu jaunâtre ; elle se dépose dans les parties élevées de la grève, là où se forment des ruisseaux peu volumineux qui abandonnent en se retirant, après la descente de la mer, le limon très fin qu'ils tiennent en suspension, tandis que les parties plus lourdes, plus grossières, ont été précipitées sur un bas-fond recouvert d'une masse d'eau plus considérable.

A mesure que l'on s'éloigne de la côte bretonne, la tangue grasse tend à être remplacée par la tangue vive ; les cultures que l'on pourrait introduire sur cette dernière, par la formation des polders, auraient toujours une valeur beaucoup plus faible ; aussi, dans notre étude, nous attacherons-nous surtout aux polders bretons de la baie proprement dite du Mont Saint-Michel.

Aussitôt que, par le dépôt des substances terreuses, le sol a acquis un niveau suffisamment élevé, une première plante apparaît à sa surface, c'est la **criste marine** (*salicornia herbacea*), aimant le sel comme la soude. Cette plante est annuelle ; elle se dessèche et meurt sur place après avoir produit des graines qui, au printemps, donnent naissance à une multitude de jeunes cristes, envahissant ensuite les grèves sur une assez notable étendue.

Lorsque la criste, parfaitement adaptée pour résister aux affouillements des marées, a fixé le terrain, il survient une seconde plante, organisée non seulement pour s'opposer aux ensablements, mais encore pour en profiter à l'aide de ses racines rampantes, dont les boutures s'allongent sans cesse. C'est le **paturin aquatique** (*poa aquatica*) ; il constitue à la fois la première production et le premier rapport de la grève, en fournissant pendant huit mois de l'année une nourriture économique et succulente à des moutons de petite taille, qui y acquièrent une qualité supérieure ; nous aurons du reste l'occasion de parler plus longuement de ces moutons de prés salés dans un chapitre suivant. Enfin, à ces deux plantes s'en mêle parfois une troisième, le *triticum glaucum*, qui, refusée par le bétail, enrichit seulement la grève en humus par la décomposition de ses tissus.

Composition chimique

Voilà donc, résumées brièvement, les diverses phases par lesquelles passe une grève avant d'être conquise. Avant d'examiner et d'étudier ce travail, nous dirons un mot des aptitudes culturales de la grève blanche, c'est-à-dire non recouverte de végétation, et de celles de la grève herbue. Leur différence au point de vue chimique est notable :

	GRÈVE BLANCHE	GRÈVE HERBUE
	%	%
Partie inattaquable aux acides.	55,675	49,330
Acide carbonique	17,090	18,144
Acide phosphorique	0,063	0,068
Acide sulfurique	0,123	0,027
Chlore	0,475	0,178
Chaux	21,700	24,087
Magnésie, alumine, fer........	2,757	3,773
Potasse et soude.............	1,076	0,278
Azote	0,043	0,115
Matières organiques et pertes..	0,998	4,000
	100,000	100,000

La stérilité de la grève blanche vient donc en grande partie de la faible quantité d'azote (0,04 au lieu de 0,10), de l'excès des sels alcalins (1 % au lieu de 0,27 %) et du manque de matières organiques (moins de 1 % au lieu de 4 %). Comme on peut le constater, la différence sous le rapport des principes minéraux n'est pas sensible ; si donc on pouvait débarrasser le sol de son excès de sel et lui fournir l'humus, et par conséquent l'azote, en proportion convenable, la grève blanche vaudrait la grève herbue. Ce travail s'opère d'ailleurs naturellement par l'enherbement de la grève blanche et sa dessalaison sous l'influence de la pluie.

CHAPITRE II

Travaux de conquête d'un Polder

Lorsque la cote de 11ᵐ50 au-dessus des basses mers, c'est-à-dire 1ᵐ50 en contre-bas des grandes marées d'équinoxe, a été atteinte par le limon marin, et que l'herbe, par les couches superposées de ses débris, forme une épaisseur d'au moins 20 à 30 centimètres, la Compagnie s'occupe d'enclore une certaine étendue, très variable, de la grève placée dans ces conditions.

Les digues servant à mettre le terrain à l'abri de la mer sont établies en tangue. Elles présentent une hauteur de 1ᵐ50 au-dessus des plus hautes marées ; leur largeur en crête est de 2 mètres, leur inclinaison vers la mer est dans le rapport de 1 mètre de hauteur pour 3 mètres de base ; du côté de la terre, la pente est de 1 mètre à 1ᵐ50 de largeur pour 1 mètre de hauteur, ce qui donne à la base une largeur de 17 mètres. Un nivellement soigneux du terrain constitue le premier travail de toute conquête ; ensuite, lorsque l'emplacement de la future digue est jalonné, les travaux de terrassements commencent par l'apport de terres prises à l'extérieur de l'enclôture ; on laisse au pied de la digue une risberme de 8 à 10 mètres, à laquelle on ne touche pas, tandis que l'on exécute aussi des déblais sur la place destinée aux canaux et aux rigoles.

Quand la digue est élevée à une hauteur de 0ᵐ50 au-dessus des plus fortes marées, on creuse dans l'axe du remblai, et parallèlement à la digue, une rigole dans laquelle, après avoir introduit de l'eau, on rejette les terres en les pétrissant très soigneusement ; ce lissage forme au centre de la digue une sorte de ciment imperméable, qui augmente la résistance à la mer en empêchant les infiltrations. Les terrassements sont ensuite continués jusqu'à la cote indiquée par des piquets repères disposés au préalable. Il ne reste plus alors qu'à prévenir les affouillements de la mer : autrefois, on pratiquait l'engazonnement en plaquant des carrés de gazon de 0^m10 à 0^m12 d'épaisseur sur la paroi de la digue faisant face à la mer ; à l'heure actuelle, on emploie un moyen de défense plus énergique, constitué par l'empierrement des digues. On amène, soit par tombereaux, soit par wagonnets Decauville, des blocs de schistes dont le volume ne dépasse guère en moyenne 15 à 30 cmc. Ajoutons qu'il est nécessaire de jeter auparavant de la pierraille, destinée à empêcher le corps de la digue de fondre dans l'eau et de s'écouler à travers les interstices laissés entre les blocs. Lorsque la construction d'une nouvelle digue en avant de l'autre devient possible, on utilise de nouveau tous ces matériaux et l'emplacement de l'ancienne digue est généralement transformé en route ; la disposition des chemins sur les polders conquis, les divisant en carrés réguliers, le prouve du reste clairement.

Le terrain mis à l'abri de la mer par les digues est nivelé, puis creusé d'une suite de rigoles destinées à procurer un écoulement rapide des eaux pluviales ; ce travail est imposé par la très faible pente du terrain et sa nature imperméable. L'égouttement général des terres endiguées jusqu'à ce moment est assuré par un grand canal de 8 à 10 mètres de largeur sur 2^m50

de profondeur, déversant sur la grève les eaux de divers collecteurs secondaires au moyen de plusieurs nocs de 1^{m}50 d'ouverture, munis d'un clapet s'ouvrant par la poussée des eaux fluviales, mais retombant et se refermant par leur propre poids pour s'opposer à l'invasion de la mer lors du flux.

A partir de ce moment, le nouveau polder est livré à la culture, l'excès de sel ayant d'ordinaire disparu pendant le temps qu'ont duré les travaux.

Au début de cette conquête, la *Compagnie des Polders de l'Ouest* afferma les enclos à des cultivateurs déjà pourvus d'installations suffisantes pour pouvoir annexer ces nouveaux terrains à leur exploitation. Bien que leur fertilité fût très grande, les grèves n'auraient pas tardé à devenir stériles à la suite d'une culture exportant chaque année des quantités considérables d'éléments, sans y ramener jamais la moindre parcelle de fumier ou d'engrais quelconque. Les polders se couvrirent alors de fermes construites avec des blocs semblables à ceux des digues ; des routes furent empierrées, et pour couper les vents marins, souvent violents et chargés d'une poussière fine occasionnant des ophtalmies, on les planta d'arbres. Par les différentes tailles de ceux-ci, on distingue facilement quelles furent les étapes de la conquête de ces polders et le temps nécessair à chaque enclôture pour sa formation.

Une fois toutes les fermes construites, la Compagnie eut d'importants capitaux à fournir pour l'alimentation en eau potable, les forages ne donnant qu'une eau salée ; les vastes citernes destinées à recueillir les eaux de pluie étant insuffisantes, elle fit construire des canalisations amenant de l'eau très pure d'une distance de plusieurs kilomètres, à l'Ouest du Mont Dol.

CHAPITRE III

Aptitudes culturales

La tangue, malgré ses différences peu importantes d'état physique, suivant qu'elle a été déposée dans telle ou telle partie de la baie, se présente toujours sous l'aspect d'un limon plus ou moins consistant, formé jusqu'à une profondeur de 10 à 12 mètres (et parfois davantage en certains endroits) de particules siliceuses et calcaires d'une très grande ténuité, parmi lesquelles ne se rencontre aucun caillou permettant l'écoulement des eaux pluviales à travers leur couche imperméable.

Plutôt légères que tenaces lorsqu'elles ont été travaillées, ces terres se laissent facilement pénétrer par les agents atmosphériques ; aussi, dès que les premières chaleurs du printemps permettent à la sève de circuler, le réveil de la végétation se fait-il presque subitement et les plantes acquièrent rapidement une vigueur que ne pouvait faire pressentir leur état souffreteux durant l'hiver.

La faible inclinaison du terrain, à peine 1 %, la nature calcaire du limon qui, sous l'influence de la pluie, se bat en une croûte imperméable et devient inaccessible aux instruments, l'hygroscopicité très grande procurée au sol par le sel marin qui, d'après une analyse faite au mois d'août dernier, se trouve dans la proportion de 2,5 % dans un polder ayant porté vingt-cinq récoltes : toutes ces conditions nécessitent, pour assécher les terres en culture, l'établissement de nombreux fossés et canaux, ayant l'inconvénient de forcer le cultivateur à prendre les terres toujours dans le même sens, et de drainer très énergiquement les principes les plus actifs du sol.

Pour remédier à cette cause d'appauvrissement, on a, depuis 1884, créé de nombreux herbages. Les prairies naturelles, en effet, craignant moins l'humidité, nécessitent des rigoles d'asséchement beaucoup moins profondes. Par suite de la très faible pente, l'eau y est moins souvent renouvelée ; le terrain se trouve perpétuellement en état de saturation, ce qui ne laisse pas à la force endosmotique la possibilité d'agir à travers le filtre de la terre et de l'épuiser en principes solubles.

La végétation dont se couvre spontanément le sol des grèves semble du reste indiquer leur aptitude à la production de l'herbe. Les plantes rencontrées le plus communément sont, parmi les graminées, le chiendent et l'avoine à chapelet, qui se multiplient avec une rapidité désolante et nécessitent une lutte continuelle et onéreuse. On y trouve aussi l'ivraie enivrante, le ray-grass vivace, un certain nombre de chénopodées ; des spécimens de diverses familles, tels que la consoude, le moutardon, la renouée, le pas d'âne, le chardon, le laiteron ; mais les deux plantes qui, par leur nombre et leur richesse de végétation, semblent le mieux appropriées au sol et au climat de la grève sont la minette et le petit trèfle blanc (*trifolium repens*). Ce dernier, dans les luzernières de quatre à cinq ans, se multiplie au point de ne plus rendre la prairie fauchable et d'obliger à la faire pâturer. Or la minette et le trèfle, joints à un certain nombre de graminées, forment la base des meilleurs pâturages de Normandie.

Enfin, la spéculation herbagère est parfaitement adaptée aux brouillards saturés de sel que le voisinage de la mer produit pendant presque toute l'année. Au lieu de lutter constamment contre l'herbe, on utilise une aptitude dont on doit tenir d'autant plus compte qu'elle est favorisée par la douceur constante du climat. Les acheteurs ne manquent pas pour rechercher les jeunes animaux nourris des herbes succulentes poussées sur la tangue. Les herbagers connaissent trop bien les hautes qualités de taille et de rusticité qu'acquièrent pour l'embouche les bêtes bovines élevées dans les grèves pour que le manque de débouchés soit à craindre.

Les grèves sont des terres de première qualité, grâce à la nature et à la quantité des éléments fertilisants qu'elles contiennent. Une analyse faite l'été dernier, d'une terre sortant de blé, a donné :

Azote	1 à 1 ½ °/₀₀
Acide phosphorique..........	0,4 »
Soude et potasse...........	1 »
Matières organiques	40 à 80 »

Une autre analyse, faite non loin des rives du Couesnon, a donné :

Azote	1,1 °/₀₀
Acide phosphorique..........	13,8 »
Potasse	10,0 »
Matières organiques	29 à 40 »

D'après ces résultats, on peut considérer que si la tangue ne renferme pas toute la quantité de matières organiques désirable, par contre, les terres de grèves, grâce à leur richesse en acide phosphorique et en potasse, possèdent un fond de fertilité très remarquable ; aussi la Compagnie loue-t-elle à des prix élevés ses terres des polders.

Par la profondeur et la composition chimique du sol et du sous-sol, ces terres sont aptes à porter avec bénéfice toutes les productions végétales que comporte le climat. Celui-ci, en effet, par suite du voisinage immédiat de la mer, offre une douceur presque constante. La température moyenne de l'année est de 12°, celle de l'hiver de 6°, les froids dépassent très rarement —5°. Par contre, le ciel est souvent brumeux, et la moyenne des pluies est de 0ᵐ76 en année normale, 1ᵐ07 en année humide.

A côté des céréales et des crucifères de grande culture, blé, avoine, choux, colza, on y rencontre des plantes maraîchères et de nombreuses cultures de porte-graines. Grâce à leur richesse execeptionnelle en potasse et en acide phosphorique, les grèves fournissent des semences d'élite ; aussi la Maison Vilmorin-Andrieux y fait-elle cultiver dans ce but des blés, avoines, pommes de terre, rutabagas, radis, etc.

Les méthodes culturales étant les mêmes que dans les Wateringues, nous aurons l'occasion de les étudier longuement dans un chapitre suivant ; nous ne parlerons donc ici que des particularités qu'offre la culture dans cette région.

Plantes fourragères

La plupart des légumineuses : trèfle incarnat, trèfle blanc, vesces, pois, luzerne, etc., réussissent admirablement dans la tangue ; le trèfle violet, appelé *trénaire* dans le pays, semé au printemps dans du blé, sur un hersage, pousse généralement avec une telle vigueur qu'à la moisson il s'élève jusqu'à l'épi du blé, et constitue une excellente paille fourragère. Nous citerons un exemple que M. X... nous a fourni, basé sur deux années de récolte :

	FOIN SEC
En 1924 :	
Dans le blé, une coupe évaluée à..............	4.000 kgs
Un regain fauché.......................	4.000 »
Un pâturage	3.000 »
En 1925 :	
Une coupe	7.000 »
Un regain	5.000 »
Une troisième coupe enfouie pour sidération....	3.000 »
Soit, pour dix-huit mois de végétation, l'équivalent de...................	26.000 kgs

La luzerne donne d'abondants produits dans les polders, surtout lorsqu'ils ne l'ont pas encore portée. Dans les grèves, on en a vu durer vingt et vingt-cinq ans, mais c'est évidemment aux dépens de la fertilité de la terre, qui exige ensuite un intervalle considérable pour la porter à nouveau. M. X..., qui a bien voulu nous fournir tous les renseignements pour cette partie de notre ouvrage, ne garde ses luzernes que six à sept ans, en moyenne, mais on peut y faire alors, quand le temps est propice, quatre à cinq coupes par an. La luzerne, si elle dure assez longtemps, disparaît et est remplacée par le petit trèfle blanc, le ray-grass d'Italie, le dactyle pelotonné, la houlque, etc.: c'est ainsi que furent créés les premiers herbages dans la baie du Mont Saint-Michel.

Herbages

Un agronome distingué, M. Lelasseux, persuadé que la bonne préparation du sol est une des premières conditions pour assurer la réussite prompte et certaine des jeunes prairies, a procédé ainsi pour certains polders, envahis par l'avoine à chapelet et le chiendent: la terre, bien préparée, fut ensemencée en vesce d'hiver, semée très épaisse afin d'étouffer autant que possible les mauvaises herbes. Aussitôt après la récolte, il donna un déchaumage et plusieurs coups de scarificateur et de herse. Ainsi ameublie, la terre reçut une fumure de 60.000 à 70.000 kgs de fumier à l'hectare, et fut ensemencée en betteraves fourragères, auxquelles succéda un blé ; ce fut dans ce blé qu'au printemps suivant furent semées les graines de prairies. Dans d'autres terres suffisamment propres et ameublies, la prairie fut semée directement dans les céréales, sans que l'on ait eu besoin de faire subir au champ l'assolement indiqué plus haut.

Voici, d'après un bulletin d'agriculture régional, les mélanges semés, à l'hectare, dans divers champs :

PLANTES	ENCLOS A		ENCLOS B		ENCLOS C	ENCLOS D
	I kg.	II kg.	I kg.	II kg.	kg.	kg.
Trèfle blanc......	2	2	2	2	2	3,3
Trèfle hybride....	2	2	2	2,5	2	5
Trèfle violet......	1	1	1	1	1,5	5
Ray-grass	4	4	5	—	3,8	—
Brome inerme....	10	8	—	—	—	—
Dactyle pelotonné	5	5	10	10	10	—
Paturin des prés..	5	5	10	16	10	—
Flouve odorante..	0,5	0,5	—	—	—	—
Houlque laineuse.	12	12	10	10	10	—
Fléole des prés...	—	2	—	—	—	—
Fromental	—	—	2	—	—	—
Lotier velu	1	1	—	—	—	—
Luzerne	—	—	—	—	—	17
Total......	42,5	42,5	42	41,5	39,3	30,3

Porte-graines

CHOUX

Ils se sèment au commencement d'août, à raison de 5 kgs, sur une pépinière de dix ares environ pour un hectare. L'emplacement est soigneusement préparé et copieusement fumé. Quand arrive le mois de novembre, on repique les pieds en ligne, à 0^{m}40 les uns des autres ; chaque ligne est séparée de la suivante par une distance de 0^{m}60. La terre doit être très riche et bien façonnée ; pendant la durée de la végétation, on donne deux ou trois binages et un buttage. On récolte en été, généralement vers la fin de juillet, mais tout dépend de la maturité. Les pieds de choux sont mis alors en moyettes, puis battus au fléau et vannés. Le prix de la graine varie avec les cours. Les pieds, qu'on appelle *paille* dans le pays, n'ont de valeur que comme combustible, ou encore pour former des lits de meules. C'est en somme une culture aléatoire ; de plus, elle est épuisante et salissante.

RUTABAGAS

Même culture que pour les choux, mais avec plus de chances de réussite.

RADIS

On sème les radis au printemps, en pépinière, à raison de 5 kgs pour un hectare de culture définitive ; on repique en mai ou en juin, et on récolte en septembre. La graine est très difficile à extraire de la gousse pulpeuse qui la contient : on est souvent obligé de la faire passer trois fois à la ronfleuse (batteuse en bout).

BETTERAVES

Les betteraves porte-graines se sèment au mois d'août, sur une pépinière de dix ares pour un hectare, et à raison de 20 à 25 kgs à l'hectare. On repique au printemps sur une terre bien ameublie et dressée en planches de 4 à 5 mètres de largeur ; les lignes sont espacées de 0^{m}60, et les pieds de 0^{m}50 sur la ligne. La récolte a lieu en septembre. Les betteraves se battent bien à la batteuse en bout.

Asperges

La culture de l'asperge avait pris une grande extension avant la guerre ; la plantation se fait généralement sur défriche de luzerne, après un labour profond. Les lignes sont espacées de 1^{m}10, et les pieds de 0^{m}80 sur la ligne. L'asperge, plantée dans des sortes de rigoles de 0^{m}15 à 0^{m}18 de profondeur, est recouverte de quelques centimètres de terre. Pendant deux ans, on remplit peu à peu les rigoles ; la troisième année, on récolte quelques turions ; l'hiver suivant, on applique une fumure de 50.000 kgs à l'hectare, que l'on enfouit au printemps par un binage.

A la quatrième année qui suit la plantation, l'asperge entre dans la période de pleine production ; convenablement soignée, elle peut durer sept ans, en produisant chaque année 1.750 à 2.500 kgs d'asperges.

Malheureusement, avec les difficultés croissantes de la main-d'œuvre dans la région, il est à craindre que la production ne tende à diminuer, bien que par leur excellente qualité les asperges des grèves soient très réputées sur les marchés français et anglais.

Deuxième Partie

Les Bas-Champs de la Baie de Somme

CHAPITRE PREMIER

Généralités

Faisant suite aux falaises vives de Normandie, le littoral change complètement d'aspect d'Onival à Etaples. Au lieu de miner la falaise, la mer vient battre une digue de galets au-delà de laquelle s'étend une vaste plaine ; toutefois, à plusieurs kilomètres dans les terres, on retrouve la falaise, mais entre elle et la mer existe une plaine basse, dite les « Bas-Champs », de formation alluviale maritime, et due à la démolition par les flots des falaises de Normandie.

Les débris ainsi rongés ont été emmenés par les flots vers le Nord-Est, direction de la grande vague de marée qui envahit la Manche à chaque flux. De plus, les vents dominants d'Ouest et de Sud-Ouest ont ajouté leur action, en favorisant les courants marins et en annulant parfois presque totalement l'influence du jusant. On peut donc considérer la prédominance des vents d'Ouest comme l'une des causes essentielles de la formation des « polders picards ».

Les matériaux transportés consistent en sables et en galets. Ces derniers ont été roulés, usés et charriés très lentement par les flots ; ils proviennent généralement des falaises les plus proches, tandis que les débris argileux et silico-calcaires, les sables, ont été l'objet d'un véritable transport ; c'est de cette façon qu'ils ont comblé l'anse très ouverte qui s'étend d'Onival à Etaples, et c'est ainsi que les bancs de Somme s'accroissent et progressent rapidement vers la mer.

Le sol des Bas-Champs est donc constitué uniquement par des dépôts de sables et de galets ; ceux-ci, répartis irrégulièrement par bancs nettement délimités, forment en quelque sorte l'ossature des basses terres. Les sables, tout d'abord retenus par ces bancs, ont comblé les dépressions qui existaient entre eux. Les villages se sont établis sur des îlots de galets, monticules élevés et secs qui font contraste avec les terrains toujours humides de la région, et qui ont servi de base pour l'établissement des digues contre les marées et les inondations.

Les fonds sur lesquels se sont déposées les alluvions sont évidemment très irréguliers et c'est ainsi que l'on constate des différences assez sensibles dans l'épaisseur des sables : à Rue, Saint-Quentin-en-Tourmont, Merlimont, Paris-Plage, la craie blanche se trouve à une profondeur variant entre 27 et 32 mètres. Entre Morlay, Noyelles et Saint-Valéry-sur-Somme, l'épaisseur n'oscille plus qu'entre 10 et 16 mètres. Mais cependant il ne faut pas croire que dans les Bas-Champs le sol soit sablonneux, car, au-dessus du sable, sont venus se déposer peu à peu des matériaux plus fins, des vases et des limons argileux. C'est pourquoi ce terrain est loin d'être perméable et se trouve souvent inondé pendant l'hiver, si les fossés d'asséchement sont insuffisants ou mal entretenus.

On peut observer le dépôt de ces vases très fines tout particulièrement dans les ports de la baie de la Somme, tels que Saint-Valéry-sur-Somme, le Crotoy et le Hourdel, dépôts qui ont interdit l'accès de la baie aux navires de commerce d'un tonnage un peu élevé. Les terres des Bas-Champs, restées longtemps à l'état de lagunes, sont formées par cette couverture de vase, qui en fait la fertilité.

Dans la plaine qui s'étend au Sud de la baie de la Somme, entre la mer et la falaise morte, l'épaisseur de cette couche est de 0^m50 environ. En face de Port-le-Grand, dans la vallée de la Somme, on la rencontre sur une profondeur de 1^m50, puis, lorsqu'on s'approche de l'embouchure, l'épaisseur diminue jusqu'à 0^m50. Près de l'embouchure de l'Authie, à Groffliers, on ne trouve que 0^m25 à 0^m40 de terre compacte et grasse.

Les terrains que nous venons de décrire ont donc été conquis sur la mer, grâce à la construction de digues de protection, long et pénible travail généralement couronné de succès, mais aussi quelquefois anéanti par une tempête, et que l'homme a dû reprendre avec ténacité pour devenir possesseur de ces terres de haute valeur.

Actuellement, l'œuvre de conquête sur la mer n'est pas terminée, car l'atterrissement des vases se poursuit toujours ; les exemples les plus fréquents de cette sédimentation sont fournis par les estuaires des trois rivières qui viennent se jeter dans la Manche après avoir ouvert un large sillon à travers les Bas-Champs. Ce sont la Canche, l'Authie et surtout la Somme. Dans notre étude, nous nous occuperons tout spécialement de l'embouchure de cette dernière rivière. En baie de Somme, l'ensablement est particulièrement remarquable et a donné lieu, depuis plusieurs siècles, à de nombreux travaux, soit pour permettre l'accès des navires jusqu'à Saint-Valéry et Abbeville, soit pour limiter le champ d'action des marées par la construction de digues. Par suite de la prédominance des vents de l'Ouest et du Sud-Ouest, on conçoit aisément que les dépôts d'alluvions se fassent surtout dans les parties méridionales et orientales des estuaires. Le côté Nord est rongé par les vagues, tandis que le côté Sud s'accroît par suite des dépôts et tend à progresser vers le Nord. Ces phénomènes naturels s'observent fort bien, surtout dans les baies de Somme et d'Authie : c'est ainsi que la mer ronge la côte Nord de l'Authie, au pied de l'Hôpital Maritime de Berck, et la pointe de Saint-Quentin, au Nord de la Somme.

L'action de la mer n'est pas la seule cause de sédimentation : il y faut ajouter la faible pente des rivières. Avant que la Somme fût canalisée d'Abbeville à Saint-Valéry, la lenteur de son courant n'était plus capable d'entraîner les sables qui, peu à peu, exhaussèrent son lit : il se forma par suite plusieurs gués à travers l'estuaire, alors largement ouvert jusqu'à Abbeville. Puis, à mesure que les fonds se sont élevés, on a construit des digues, et les flots ont continué leur œuvre en faisant perdre du terrain au domaine de la mer. En 1854, une digue de 3.700 mètres fut construite entre Noyelles et Saint-Valéry pour le passage d'une voie ferrée ; mais comme les terrains situés en amont n'avaient pas encore atteint un niveau suffisant, une partie de cette digue fut remplacée, sur une longueur de 1.100 mètres, par une estacade. Tous ces travaux eurent pour but d'accélérer l'ensablement des terrains renclos, car l'écoulement des marées descendantes avait été notablement ralenti et les sédiments se déposaient plus abondants. En 1911, l'ensablement de ces terrains était, en effet, terminé : l'estacade fut donc remplacée par une digue. Tel est l'état actuel des travaux de conquête dans la partie orientale de la baie de la Somme.

Les terrains qui se trouvent en aval de la digue indiquée ci-dessus sont encore envahis par les marées ; ils sont recouverts, sur une grande partie de leur surface, par une végétation toute spéciale constituant des pâturages très riches et très fournis en herbes de bonne qualité ; ces terrains forment ce qu'on appelle les « prés salés », ainsi nommés à cause de la richesse de l'herbe en chlorure de sodium. Dans la région, les prés salés sont appelés « molières » ; l'étymologie de ce mot se retrouve sur les cartes de 1763, où l'on remarque le mot « moulières » ; les habitants prononcent d'ailleurs encore actuellement de cette façon ; cette appellation rappelle bien le principal caractère de ces terrains, inondés par les marées de vive eau, alors que les marées de morte eau viennent jusqu'au pied des prés salés sans les baigner et ne remplissent que les nombreux fossés qui les sillonnent. Au point de vue de leur étendue, on peut évaluer les molières situées entre le Crotoy, Morlay, Noyelles et Saint-Valéry à une superficie de 600 à 650 hectares. Ce chiffre n'est qu'approximatif, car l'étendue varie chaque année, et de plus la surface des courants d'eau et des fossés n'en est pas déduite.

Les molières de la rive gauche, qui s'étendent de la

falaise morte de Saint-Valéry jusqu'à la pointe du Hourdel, sont bien moins importantes ; la plus grande surface se trouve sous la falaise, puis ce n'est qu'une mince bande, large de 200 mètres, et qui s'élargit en approchant du Hourdel. La superficie de ces prés salés est évaluée entre 225 et 250 hectares. Par conséquent, l'étendue totale des molières de la baie de la Somme, objet de notre étude, oscille entre 800 et 900 hectares.

Les prés salés appartiennent d'une manière générale à l'Etat ; mais cependant il y a quelques dérogations pour certains terrains situés le long de la digue de Morlay. La propriété de ceux-ci avait été, au XVIIIᵉ siècle, accordée par le roi à quelques riverains ; actuellement, l'Etat ne vend pas les terres non rencloses ; il les loue aux particuliers pour des sommes très élevées. Certaines parties des molières font partie des biens communaux et une étendue variable est réservée pour le troupeau de la commune.

Actuellement, il y aurait possibilité de renclore la majeure partie de la baie de Somme ; en effet, il suffit pour cela que les vases aient atteint le niveau correspondant à la cote 8,25 des cartes marines. Or, dans la molière proche de Morlay, les terrains atteignent la cote de 10,50. Le contour des gazons maritimes de la rive droite est partout à la cote de 8,50. On pourrait donc construire au Nord une digue partant de Morlay et rejoignant la digue de Noyelles à Saint-Valéry ; cette digue pourrait enclore 250 hectares de molières. Une autre digue pourrait être menée en ligne droite de Saint-Valéry vers Noyelles, protégeant une surface égale de terrains. Dans la molière de la rive gauche, la bonne herbe se trouve à la cote 9,10, la limite des gazons à la cote 8,65, et les vases solides à la cote 8. Il y aurait donc possibilité d'enclore les terrains situés sous la falaise de Saint-Valéry, par une digue allant de l'extrémité de celle de Saint-Valéry, dans une direction parallèle à la falaise, jusqu'à celle du Hourdel, et de livrer cette vaste étendue à la culture.

Mais l'Administration des Ponts-et-Chaussées ne veut pas admettre de tels projets pour deux raisons : tout d'abord, la vente des terrains renclos ne compenserait pas actuellement l'énorme dépense occasionnée par la construction des digues. En second lieu, l'ensablement de Saint-Valéry et du chenal de la Somme serait notablement accéléré par suite de la suppression d'un vaste bassin que les marées de vive eau ne pourraient plus envahir.

Enfin, avant de terminer cette étude du milieu, considérons le sol des molières au point de vue chimique : ceci nous donnera de précieuses indications sur la qualité des herbes qui poussent sur ces terrains. Des analyses faites en 1912 à la Station agronomique de la Somme, sur trois échantillons, ont donné les résultats suivants :

	I	II	III
Azote .... °/₀₀	0,63	1,19	1,89
Acide phosphorique.......... »	0,94	1,22	0,70
Potasse .... »	5,64	6,12	7,92
Calcaire .... »	33,00	29,00	27,00

La potasse existe donc en quantité très suffisante. Cette richesse, anormale pour un sol ordinaire, s'explique aisément puisque le sol des molières est très souvent baigné par l'eau de mer, contenant un peu de chlorure de potassium. La proportion d'azote et d'acide phosphorique est par contre faible et souvent **insu**ffisante. Quant au calcaire, il est très abondant et même en quantité excessive : on le conçoit du reste fort bien d'après l'origine des terrains de molières. La quantité de magnésie, qui n'est pas indiquée dans les analyses précédentes, est aussi très élevée par suite des dépôts de chlorure, sulfate et bromure de **magnésie** contenus dans l'eau de mer. Evidemment, l'amélioration de la **constitution** chimique du sol par des amendements et des engrais ne peut être envisagée, car la mer les enlèverait immédiatement. Le seul moyen d'améliorer ces terrains serait de les isoler de la mer, c'est-à-**dire** de les renclore. Mais nous avons vu précédemment les raisons pour lesquelles ces travaux ne pouvaient être actuellement entrepris. Il faut donc utiliser les molières de la façon la plus rationnelle et la plus **rémunératrice**.

CHAPITRE II

Formation des Herbages de Molières

On remarque généralement sur les grèves nues, parfois à 500 ou 600 mètres en avant des premières molières, un dépôt abondant d'algues marines d'espèces très variées, fucus et laminaires principalement. Ces algues ne sont pas enlevées par les marées, qui pourtant viennent les recouvrir deux fois par jour. Leur présence sur les sables a pour effet de retenir les particules vaseuses très fines en suspension dans l'eau de mer. Parfois, une forte marée d'équinoxe parvient à arracher une partie des algues, mais le dépôt vaseux subsiste et constitue un milieu favorable à l'apparition des premières plantes.

Derrière les algues, et à 300 mètres environ de la bordure des molières, apparaît une première plante qui n'existe que par touffes serrées et isolées : c'est la spartine à fleurs alternes (*spartina alterniflora,* Lois.) ; cette graminée, aux tiges dressées, aux feuilles allongées, engaînantes, enroulées, retient par sa masse touffue les coquillages qui s'amoncellent avec la vase autour de son pied. Elle se trouve aussi parmi les plantes qui constituent la véritable limite des terrains de molières.

Lorsque le dépôt vaseux se trouve à la cote 8,50 des cartes marines, pour la molière de la rive droite, et 8,65, pour celle qui s'étend de Saint-Valéry au Hourdel, commencent les herbages de molières proprement dits. La première plante que l'on trouve est la salicorne herbacée (*salicornia herbacea,* L.) de la famille des chenopodiacées. Cette plante, comme l'indique son nom, est caractéristique des terrains salés, mais le bord de la mer ne lui est pas indispensable, puisqu'on la trouve dans les terrains salés de l'Alsace. La salicorne est une plante charnue, qui apparaît par pieds nombreux, et de plus en plus rapprochés et serrés à mesure que l'on s'éloigne de la mer. Elle recouvre des surfaces envahies par chaque marée de vive eau ; mais cependant le niveau des vases doit être assez élevé, sinon la plante est chétive et ne se développe que par pieds isolés. Elle se dessèche complètement à l'approche de l'hiver et sa reproduction se fait par semis naturel. Elle conserve en effet ses graines jusqu'en février, malgré les marées qui la recouvrent et l'agitent constamment. A cette époque, les graines tombent peu à peu, s'éparpillent sur la vase, et c'est justement à la fin de février que la germination s'opère le plus facilement. Vers le milieu du mois de mars, on aperçoit alors sur la grève nue une quantité considérable de petites tiges vertes, charnues, composées d'articles distincts, qui émergent, recouvrant ainsi une bande de terrain plus proche de la mer que l'année précédente. Là où les courants marins sont trop accentués, les jeunes pousses n'apparaissent pas, car les graines en germination, n'étant pas encore suffisamment fixées au sol, sont entraînées. Pendant le mois d'avril, les salicornes sont l'objet d'une cueillette de la part des habitants de la région, qui les conservent, sous le nom de « perce-pierres », dans du vinaigre ; après macération, elles constituent un condiment apprécié dans le pays. Le gros intérêt de ces plantes est de se faire l'auxiliaire du colmatage, en empêchant le limon très fin de suivre l'eau dans son mouvement de retraite à marée descendante, de fixer plus solidement le terrain par leurs racines abondantes, pivotantes et traçantes, et enfin de dessaler en partie le milieu, ce qui permettra l'apparition de plantes supportant moins bien le sel. Une autre plante se montre sur les vases nues dans les mêmes conditions que la salicorne : c'est la bette maritime (*beta maritima*, L.). Les deux plantes sont rarement mélangées et forment des peuplements distincts ; la bette est moins fréquente et se trouve surtout du côté de Morlay. Grâce à leurs tiges couchées et à leurs racines très ramifiées, les bettes exercent aussi une grande influence sur le dépôt des vases et sur leur fixation.

Lorsque les terrains atteignent un niveau plus élevé, les salicornes et les bettes disparaissent pour faire place à d'autres plantes charnues, telles que :

Aster tripolium.............	*Aster tripolium*, L.
Obione pourpier............	*Obione portulacoides*, Moq.
Obione pédonculé..........	*Obione pedonculata*, Moq.
Arroche hastée.............	*Atriplex hastata*, L.

La première et la dernière occupent une bande large de 30 à 50 mètres et sont souvent mélangées avec les dernières salicornes. L'obione pourpier, plante caractéristique de la région, étale ses tiges ramifiées et couchées le long des courants creusés par le va-et-vient des marées. Cette plante présente toujours une teinte gris verdâtre, par suite d'un dépôt limoneux très fin qui recouvre ses tiges et ses feuilles, bien plus abondamment que celles des autres plantes, par suite de sa situation plus basse sur le bord et jusqu'au fond des courants.

Dès que le sol a été fixé et légèrement dessalé, et que son niveau a atteint la cote 9,50 pour la molière de Noyelles et 9,10 pour celle du Hourdel, la végétation devient très abondante, très serrée, et c'est là que commencent vraiment les herbages de molières, utilisés pour l'alimentation du bétail. La première plante qui présente une grosse valeur à ce point de vue est la **glycérie** maritime (*glyceria maritima,* Mertens et **Koch**). C'est elle surtout qui donne aux prés salés cet aspect verdoyant et plantureux, qui fait un heureux contraste avec la grève nue à l'allure morne et inféconde. Cette graminée aux tiges rampantes possède un mode de reproduction très spécial ; la graine ne semble **pas** intervenir, tandis que les racines, et surtout les **tiges**, seraient les agents exclusifs de reproduction de l'espèce ; cette herbe très vivace se rapproche donc à ce point de vue du chiendent. Sur les tiges rampantes, apparaissent de loin en loin de jeunes pousses qui bientôt prennent racine et forment de nouveaux pieds ; on comprend donc facilement la propagation rapide et la végétation serrée de cette graminée, qui suit l'invasion vers la mer des plantes charnues. Le développement de la glycérie n'est nullement entravé par les atterrissements continus des vases marines ; elle traverse les dépôts successifs, et ses racines atteignent ainsi une profondeur qui va parfois jusqu'à 50 ou 60 centimètres. Cette grande vigueur est certainement due à la fertilité du milieu, devenu plus consistant et plus perméable par suite de l'innombrable quantité de racines qui le sillonnent. Les vases nues, encore imbibées d'eau, constituent un mortier compact d'une faible consistance ; le terrain des molières ne présente pas cet inconvénient, constaté surtout lors des travaux de desséchement, après endiguement.

Le gazon maritime n'est pas formé par la seule variété que nous venons de citer : la glycérie écartée (*glyceria distans*, Wahlnb.) est souvent mêlée avec elle ou forme des peuplements voisins. L'agrostis blanche (*agrostis alba*, L.), vulgairement appelée traînasse, est vivace et se reproduit par stolons souterrains ou rampants ; elle est assez abondante, mais se rencontre surtout à proximité des digues, c'est-à-dire des endroits moins souvent baignés par les marées. La fétuque à feuilles menues (*festuca tenuifolia*, Sibth.) est une des graminées les plus répandues dans la molière ; elle est vivace et constitue un beau gazon. La fétuque ovine (*festuca ovina*, L.) ne s'y trouve que par touffes isolées et peu nombreuses, localisées surtout à proximité des digues et des canaux d'écoulement venant des renclôtures. Les cinq graminées dont nous venons de parler constituent le gazon proprement dit.

Il nous faut encore citer quelques plantes disséminées au milieu des herbages et qui présentent en général un intérêt secondaire. La statice des limons (*statice limonium*, L.), vulgairement appelée lilas de mer, est une plante vivace, munie de fleurs bleues violacées en épis ; elle existe surtout au pied de la falaise de Saint-Valéry et un peu dans la molière de Noyelles. En juillet, les fleurs sont l'objet d'une cueillette abondante et d'un commerce assez fréquent sur les marchés picards. Plusieurs variétés de plantain maritime se trouvent dans les parties les plus éloignées de la mer. L'arméria maritime (*armeria maritima*, Willd.) et l'armoise maritime (*artemisia maritima*, L.) sont des plantes peu abondantes dans la molière ; elles ne présentent aucune intérêt pratique, comme du reste l'honkénéja faux-pourpier (*honkeneja peploides*, Ehr.), plante caractéristique du sable des dunes.

Nous en avons terminé avec l'étude du milieu et de la flore des herbages de molières. Ces divers éléments nous seront très précieux pour étudier avec soin le meilleur profit que l'on peut tirer de ces pâturages.

CHAPITRE III

Utilisation des Molières

I. — Pour les bovins

Nous devons signaler en premier lieu que les herbages des molières ne constituent pas pour le bétail bovin un pâturage de premier ordre. La qualité du fourrage lui conviendrait, mais les conditions de milieu lui sont peu favorables. En effet, pour engraisser et fournir les produits les plus rémunérateurs, les bovins ont besoin de n'effectuer que des marches restreintes pour trouver leur nourriture et de rester souvent en repos. Or la vie qu'ils doivent mener dans les prés salés correspond fort peu à ces conditions; les fatigues sont nombreuses et dues à la constitution même du milieu. Tout d'abord, la marche est parfois assez longue pour se rendre de la ferme au lieu de pâturage ; puis, dans la molière, les herbes que peuvent atteindre et qu'apprécient les animaux sont disséminées par plaques entre les fossés naturels que la mer a creusés, entre les trous remplis d'eau et les peuplements de plantes charnues fortement salifères.

Les bêtes parcourent de grands espaces pendant la journée, glissant de temps en temps sur la vase humide, traversant les rigoles ou même les sautant. Cet exercice incessant et excessif ne peut que nuire à la formation de la graisse dans les tissus, car l'énergie dépensée pour la recherche de la nourriture est généralement importante ; c'est surtout pour ces raisons que l'on rencontre peu de bovins dans les molières. Entre Saint-Valéry et le Hourdel, c'est-à-dire dans la molière Sud, les cultivateurs n'envoient pas de gros bétail, car la plupart d'entre eux possèdent une étendue suffisante de prairies naturelles de bonne qualité, créées dans les renclôtures, et n'offrant pas les inconvénients du pâturage marin. Dans la molière de la rive droite, au fond de la baie, on rencontre cependant quelques troupeaux de bovins, car les petits éleveurs sont obligés d'avoir recours au pâturage communal.

La normande et la flamande sont les deux races soumises à ce régime ; la hollandaise, plus délicate, ne pourrait s'en accommoder. On a constaté que, malgré la valeur des bêtes élevées, le lait avait une teinte bleutée, une fluidité anormale et une saveur spéciale, lorsque les vaches avaient pâturé exclusivement dans les molières ; c'est là l'indice d'une faible teneur en matières grasses ; en effet, l'emploi du crémomètre a démontré que le lait ne renfermait que 7 à 8 % de crème, alors que la proportion est de 10 à 12 % dans un bon lait, c'est-à-dire 1/3 à 1/4 de matières grasses. Il va sans dire que ce lait ne peut être vendu pour la fabrication du beurre, mais seulement pour l'expédition en nature vers les centres importants, tels qu'Abbeville, pendant l'hiver, et les plages du littoral, durant l'été.

D'après la valeur nutritive de l'herbage, qui ne dépasse guère 1/12 (1) au moment de la floraison, on doit conclure que la molière peut être utilisée pour

---

(1) 1/12 représente la relation nutritive : c'est le rapport qui existe entre les matières azotées et les matières non azotées.

l'entretien des bovins, mais est absolument insuffisante pour leur engraissement ; outre le déficit de l'herbage au point de vue alimentaire, les fatigues imposées au bétail condamnent absolument la pratique de cette spéculation. Les pâturages existant dans les terrains renclos sont seuls capables de donner de bons résultats à cet égard ; par contre, l'élevage d'un troupeau de moutons y est impossible, à cause de la douve qui exerce ses ravages parmi le bétail séjournant pendant plus d'un an sur les herbages de renclôtures; ce grave inconvénient ne se rencontre pas dans la molière, à cause de sa teneur en chlorure de sodium.

L'utilisation des prés salés par les bovins reste surtout recommandable pour le jeune bétail d'élevage qui, grâce à un pâturage suffisant et à l'air marin, se développe rapidement et peut se constituer un bon squelette. La pratique montre que l'herbage de molière est capable d'entretenir d'une bête à une bête et demie de 500 kgs en moyenne par hectare, pendant sept à huit mois de l'année. On est évidemment obligé de laisser le bétail à l'étable ou de le conduire dans quelque herbage de renclôture, durant la nuit et les périodes de fortes marées.

II. — **Pour les ovins**

Nous savons que le mouton est l'un des animaux qui s'accommodent le mieux de toutes les situations, depuis le pâturage abondant jusqu'aux lieux arides parsemés d'herbes peu fournies et d'une faible valeur alimentaire. Il était donc tout indiqué d'entreprendre l'utilisation des herbages de molières comme pâturage pour les ovins. Cette pratique déjà ancienne a donné des résultats excellents, et la qualité des produits obtenus est maintenant connue dans le monde entier. Il convient donc de nous étendre plus longuement sur ce sujet, qui représente véritablement l'utilisation la plus rationnelle et la plus rémunératrice des prés maritimes. Nous allons passer en revue tout d'abord les principaux avantages de ce pâturage.

La nourriture ainsi fournie au mouton est idéale, parce qu'en tous points conforme à ses besoins; de plus, cet animal apprécie les principales plantes qui constituent la flore. Citons en passant les glycéries et les fétuques, que le mouton pâture avec une grande avidité. Le sel qui imprègne la nourriture augmente son appétit et par suite le rend apte à un engraissement plus rapide. L'air marin très vif agit dans le même sens et lui donne une santé plus robuste, moins sensible aux intempéries. Un gros avantage, tout à fait spécial à l'herbage de molières, est de rester constamment vert, même pendant les époques de grande sécheresse, alors que les pâturages de plaines et de plateaux sont jaunis, grillés et par conséquent incapables de nourrir convenablement le bétail ; cette propriété, due à l'arrosage fréquent par l'eau de mer, est fort intéressante, car le bétail conserve une nourriture substantielle assurée, quel que soit le temps. Dans la molière, le mouton est sujet, comme nous le verrons plus loin, à bien moins de maladies que dans les autres pâturages, et c'est là encore un avantage appréciable.

Enfin, l'herbage de molière constitue une nourriture économique. Pour la location, l'Etat divise les prés salés en lots d'une contenance variable suivant leur nature et souvent délimités par des courants ; si ces derniers font défaut, des piquets profondément **enfon-cés** indiquent les limites. Chaque lot est loué **aux** enchères à des particuliers, suivant un bail de trois, six, neuf ans. La mise à prix fixée par l'Etat est peu élevée et, de plus, les cultivateurs s'entendent pour la dépasser le moins possible ; de la sorte, le montant de la location n'excède généralement que de peu la mise aux enchères d'un lot, dont la contenance moyenne oscille entre 15 et 25 hectares.

Les éleveurs du pays peuvent tirer de grands avantages d'un pâturage aussi économique, dont le prix moyen de location est de 30 francs l'hectare environ, et qui peut nourrir, à l'hectare, en moyenne 10 à 12 ovins d'élevage, et jusqu'à 15, pour les bêtes d'engraissement ne restant que quelques mois dehors. Les agriculteurs l'ont d'ailleurs bien compris, puisque plusieurs d'entre eux louent entre 50 et 100 hectares de molières. C'est sur ces vastes étendues qu'ils conduisent les uns leur troupeau d'élevage, les autres, pendant quelques mois seulement, un troupeau d'engraissement. Il est donc intéressant d'étudier maintenant les races ovines rencontrées dans les herbages de molières, et les spéculations particulières dont elles sont l'objet.

Races ovines des Molières de la baie de la Somme et spéculations dont elles sont l'objet

Il convient, en premier lieu, d'établir une distinction très nette entre les races qui devront former un troupeau d'élevage et celles pour lesquelles on recherche simplement l'engraissement rapide.

Le but de ces deux spéculations étant essentiellement différent, les races choisies n'auront évidemment pas les mêmes aptitudes.

RACE BOULONNAISE

La race boulonnaise est celle qui répond le mieux à toutes les exigences du milieu. Ses qualités peuvent se résumer en deux mots : rusticité et précocité. Dans les prés salés, il nous faut avant tout une race rustique et parfaitement adaptée ; les parcours sont généralement assez longs, l'air est toujours très vif, les fatigues sont nombreuses : il faut un animal capable de les supporter. Or, le mouton boulonnais est de grande taille, 0^m70 à 0^m80 ; les membres sont allongés, solides, bien conformés, et l'allure ferme et dégagée annonce un bon marcheur ; malgré la haute taille, le squelette est fin et permet d'obtenir un bon rendement en viande. Les principaux caractères recherchés chez le bélier, comme chez les brebis, par les éleveurs de race pure, sont les suivants : ossature assez forte ; tête grosse, bien dégagée de laine, se terminant par un gros mufle ; oreilles portées horizontalement ; chanfrein droit ; yeux saillants et vifs dénotant un animal vigoureux ; cou gros et court ; rein droit ; côtes bien arquées, formant une poitrine large et profonde ; jarret droit, dénotant un animal apte à la marche ; membres solides avec fortes articulations. Toutes ces qualités fondamentales sont maintenues et perfectionnées grâce à une sélection judicieuse et à l'emploi de béliers recrutés dans les meilleurs troupeaux. Parmi ces derniers, nous citerons ceux de M. Houbron, à Villers-sur-Authie, et de M. Sueur, à Machiel ; la plupart des cultivateurs de la région achètent ou louent leurs béliers chez ces deux éleveurs renommés, qui pratiquent une sélection suivie.

On a souvent reproché à la race boulonnaise de manquer de précocité ; ce jugement était exact au début de la fixation de la race, mais aujourd'hui il n'est plus fondé, car on obtient à six mois des agneaux pesant en moyenne 45 à 50 kgs. L'agneau d'un an, ou agneau gris, atteint un poids qui peut varier de 60 à 80 kgs, mais le rendement à la boucherie ne dépasse guère 48 %. La brebis adulte pèse de 70 à 80 kgs, et le poids d'un beau bélier adulte peut aller de 120 à 135 kgs. On ne peut donc nier la bonne précocité de la race. Sur les plaines et les plateaux, la viande est grossière et manque de saveur ; mais, dans les prés salés, cet inconvénient n'existe pas, et la chair prend le goût spécial au milieu.

La laine n'est pas de première qualité ; assez longue, elle est formée d'une fibre serrée et quelque peu grossière. La toison pèse, en moyenne, 4 kgs 500 pour la brebis adulte et 1 kg. 500 pour l'agneau blanc, le tout en suint. La production de la laine ne constitue donc pas une aptitude intéressante de la race, mais sa répartition sur les membres correspond parfaitement aux conditions du milieu, qui est toujours humide ; la laine, en effet, laisse la patte de l'animal entièrement dégagée jusqu'au genou, ce qui empêche l'humidité de rester sur les membres, de se propager sur le corps, et de favoriser ainsi certaines maladies, telles que la gale.

Certains éleveurs ont essayé d'opérer des croisements entre la race boulonnaise et les races anglaises ; il existe, en effet, beaucoup d'analogie entre le climat, la température et le milieu de ces deux pays voisins. On tenta, en particulier, le croisement avec la race Dishley, qui favorisa l'aptitude à l'engraissement, augmenta la précocité et diminua la taille. Certains essais donnèrent de bons résultats, mais, en général, ce fut le type de race anglaise qui parvint toujours à dominer. Pour la vie dans les herbages de molières, ce croisement ne pouvait être intéressant, puisqu'en diminuant la taille et les membres, il rendait l'animal beaucoup moins apte à endurer les longues marches et les fatigues qui lui étaient imposées.

En conséquence, la race boulonnaise pure reste la plus qualifiée pour constituer un bon troupeau destiné à vivre dans les prés salés. Sa structure et ses qualités sont parfaitement adaptées au milieu, mais conviennent surtout à l'élevage et non à l'engraissement rapide. Les agneaux mâles sont conservés jusqu'à l'âge de six mois ou un an pour être livrés ensuite à la boucherie. Certains éleveurs vendent à six mois des béliers sélectionnés, à des prix variant de 700 à 1.000 francs et même davantage. Les agneaux femelles qui présentent nettement les caractères de la race sont conservés pour remplacer les brebis mères réformées.

RACE DISHLEY-MÉRINOS OU RACE DE L'ILE-DE-FRANCE

Le Dishley-Mérinos existe dans les prés salés sous forme de troupeau d'élevage ou de troupeau d'engraissement ; mais le gros reproche qu'on lui adresse est le manque de rusticité. Il arrive cependant à donner de bons résultats s'il est fortement nourri pendant l'hiver, en supplément du pâturage de molière.

Dans les troupeaux communaux, les animaux qui ne reçoivent la nuit, en plus du pâturage, que de la paille, sont chétifs, mal portants et restent toujours en arrière du troupeau, tandis que les moutons boulonnais, nourris de la même façon, s'accommodent fort bien de leur mode d'existence.

Le squelette du Dishley-Mérinos n'est pas assez fort, et ses membres sont trop courts et trop faibles pour lui permettre de supporter de longues marches ; de plus, la laine descend au-dessous du genou et par conséquent trop bas, ce qui est un inconvénient, comme nous l'avons signalé plus haut.

L'avantage de cette race est surtout de fournir une viande et une laine de bonne qualité. La précocité est satisfaisante et l'animal est apte à un engraissement rapide, surtout lorsqu'il se rapproche davantage du Dishley que du Mérinos. Plusieurs éleveurs de la région pratiquent une spéculation très rémunératrice, en achetant fin janvier des moutons maigres, soit dans le Vimeu, soit aux environs de Chartres, soit encore dans toute autre région où les prix sont avantageux. Ils les engraissent pendant cinq mois environ dans les prés salés, pour les vendre ensuite plus cher aux bouchers de Saint-Valéry, Cayeux, Le Crotoy, pendant la saison balnéaire, et plus tard aux bouchers d'Abbeville.

Le Dishley-Mérinos est donc surtout, dans le milieu qui nous intéresse, l'objet de cette spéculation d'engraissement ; cependant, de rares agriculteurs essaient de l'adapter au milieu et de faire naître chez lui cette rusticité qui lui fait défaut.

RACE DE LA CHARMOISE

Certains éleveurs de la région ont introduit dans les herbages de molières des moutons Charmois ; ils ont fondé leur initiative sur le fait que cette race peut s'adapter à des milieux divers, grâce aux qualités de ses deux souches, précocité du Kent et rusticité du Berrichon. L'idée est très bonne en vue d'un engraissement rapide, comme pour le mouton de l'Ile-de-France, mais en vue d'un élevage suivi, la question n'était même pas à envisager. Le Charmois est en effet de très petite taille et se fatigue rapidement dans les prés salés, par suite des longues marches et des fossés à franchir ; si l'on tentait l'élevage dans de telles conditions, le développement des agneaux serait incomplet et bientôt la race perdrait toutes ses qualités. Aussi les moutons sont-ils achetés maigres dans le Berry et vendus après cinq mois d'engraissement dans les prés salés, l'augmentation de poids étant de 12 kgs en moyenne.

Le mouton Charmois donne beaucoup moins de laine que celui de l'Ile-de-France, mais sa viande est bien plus appréciée ; les bouchers la recherchent, car il livre des gigots bien tournés et des côtelettes courtes. De plus, le rendement en viande est élevé puisqu'il atteint 55 % ; c'est pourquoi la boucherie le paie actuellement 0 fr. 75 de plus par kg. Enfin, le Charmois est bien moins délicat que le Dishley-Mérinos et sait tirer parti des lieux où l'herbe est très courte et souvent dure. C'est donc une race fort intéressante pour l'utilisation rationnelle des herbages maritimes.

Mode de conduite d'un troupeau dans la Molière

La conduite d'un troupeau dans les herbages de molières présente certaines particularités très importantes que le berger doit connaître à fond, et auxquelles il doit apporter une attention constante, car les pertes, dans le cas contraire, pourraient atteindre de sérieuses proportions. Aussi est-il bon, lorsque la chose est possible, que l'éleveur ait un berger de la région, bien au courant de l'heure des marées, de leur hauteur et de la surface approximative qui sera envahie par les flots. Ces dernières considérations sont de la plus haute importance, car le berger inexpérimenté pourrait laisser cerner son troupeau par la mer, qui envahit tous les courants et les fossés bien avant de commencer à recouvrir les herbes de la bordure de la molière. Il devra donc toujours posséder un horaire des marées qui lui fournira tous les renseignements indispensables ; l'heure indiquée marque généralement la pleine mer, et par conséquent l'heure du flot sera deux heures et demie plus tôt, et trois heures pour une marée de morte eau. Le berger doit rassembler ses moutons environ une demi-heure avant l'arrivée du flot à Saint-Valéry, excepté s'il se trouve à proximité des digues et n'a aucun courant à traverser ; ce moment lui est d'ailleurs indiqué, par temps clair, par l'arrivée des bateaux de pêche de Saint-Valéry et du Crotoy à la pointe du Hourdel.

Les sables mouvants n'existent plus guère en baie de Somme, sauf sur les grèves nues proches du Hourdel ; il n'y a donc pas à craindre d'enlisement dans les prés salés ; mais le berger doit surveiller le passage des fossés, car il arrive parfois qu'une bête se casse la patte en sautant et reste au fond de la rigole ; avant le départ de la molière, l'exploration rapide des courants est donc nécessaire, à moins que le chien ne soit parfaitement dressé et ne se charge lui-même de cette besogne.

A partir du mois d'avril, et même de mars pour les troupeaux d'engraissement, les moutons sont conduits chaque jour, quel que soit le temps, dans les prés salés. En hiver, lorsqu'il fait trop froid ou qu'il neige, on les laisse à la bergerie. Cependant, plusieurs troupeaux communaux, comme celui de Pinchefalise, viennent dans la molière, même par temps de neige, car celle-ci fond immédiatement sur les herbes salées ; par les très grands froids seulement, lorsque les flaques d'eau et les courants sont gelés, les moutons sont conduits dans les herbages de renclôture ; cette pratique, trop rigoureuse, n'est évidemment pas recommandable. Pendant l'été, les fermes herbagères qui possèdent des prairies rencloses y parquent leur troupeau la nuit ; ce procédé est bon en lui-même, mais le gros inconvénient est le risque de communiquer aux animaux la douve, dont la larve est très répandue dans ces herbages.

Pendant les beaux jours, le berger mène son troupeau dans la molière vers 10 heures du matin seulement, car auparavant la rosée pourrait provoquer des cas de météorisation. Le retour à la bergerie ou au parc s'effectue le soir, vers 6 heures. En hiver, le pâturage ne commence que vers 11 heures pour se terminer à 4 heures du soir. Au moment des marées de vive eau, pendant la journée, le troupeau est obligé de battre en retraite vers les digues ; si la marée n'est pas trop forte, les bêtes pâtureront le long des digues, dans la molière ; sinon elles doivent se contenter de l'herbe moins savoureuse qui pousse sur les digues mêmes. Les marées de 90 (cote indiquée dans le port de Saint-Valéry) recouvrent la baie, mais ne viennent pas jusqu'en bordure des herbages ; elles envahissent néanmoins les courants qui remontent jusqu'aux digues. Les marées de 98 recouvrent tous les prés salés et viennent battre le pied des digues ; les plus fortes marées de vive eau ne dépassent guère 106-107, au moment des équinoxes, mais cette cote peut devenir supérieure, si les vents d'Ouest ou de Sud-Ouest soufflent avec violence ; le sommet des digues étant à la cote 125, l'envahissement des renclôtures ne serait possible que par rupture ou tassement des travaux de défense.

A l'époque des marées de vive eau, l'herbe des molières est forcément très imprégnée de sel et par suite moins appréciée du mouton ; celui-ci, en effet, la mange avec moins d'appétit et boit bien plus qu'en temps ordinaire, ce qui nuit à son développement, à son engraissement et provoque parfois des diarrhées. Au contraire, lorsqu'une pluie abondante vient dessaler en partie les herbages, après les dernières marées de vive eau, l'herbe devient excellente et possède toutes ses qualités au plus haut degré ; le mouton la mange avec voracité, comme l'herbe du matin encore légèrement humectée par la rosée ; il boit de nouveau normalement et son développement s'en ressent nettement. En quittant la molière, un bon berger ne devra jamais omettre d'arrêter son troupeau près d'un ruisseau d'eau douce, sinon ses animaux boiront de l'eau de mer, qui leur est très préjudiciable.

Nourriture donnée en supplément du pâturage de Molière

Nous avons vu précédemment que l'herbage de molière n'est pas capable de nourrir suffisamment, surtout en hiver, les troupeaux d'élevage ou d'engraissement qui viennent y pâturer. Il est donc nécessaire d'indiquer les aliments complémentaires les plus utilisés par les éleveurs de la région. Tout d'abord, en été, le pâturage est largement suffisant ; si les bêtes ne sont pas parquées et couchent à la bergerie, on leur donne de la paille pour les occuper, soit 2 kgs par tête ; la paille non mangée sert de litière.

En hiver, c'est-à-dire à partir d'octobre ou novembre, l'herbe devenant moins abondante et moins nutritive, il est indispensable d'y ajouter une nourriture substantielle. Les fermes mixtes de culture et d'élevage donnent généralement à leur troupeau tantôt de la pulpe, tantôt des rutabagas, à raison de 5 kgs environ par tête. La pulpe doit être fournie moins souvent que les rutabagas, car elle peut communiquer à la viande un goût spécial, beaucoup moins apprécié, et même provoquer l'ictère hémorragique, si elle est donnée en trop grande quantité ou trop souvent ; les rutabagas constituent une très bonne nourriture. Les fanes de betteraves améliorent le lait des brebis mères et par suite favorisent le développement des jeunes. Certains agriculteurs donnent aussi, comme nourriture aqueuse, des navets ; mais leur valeur nutritive est inférieure à celle des rutabagas. La nourriture ligneuse est constituée par le foin, la bisaille ou les féveroles, et la paille, généralement de blé. Le foin le plus utilisé est celui de trèfle et aussi celui de légumineuses variées ; on le donne à raison de 2 kgs par tête. La bisaille est fournie à raison d'une botte pour quatre bêtes ; les féverolles sont données en gerbes ; on compte environ 1 kg. par tête. Le foin est donné de préférence le matin avant le départ du troupeau, et les grains le soir en rentrant; on y ajoute pour la nuit 2 kgs de paille de blé par bête.

Les fermes herbagères qui achètent un troupeau d'engraissement au début de février sont obligées de donner à chaque bête, jusqu'à la fin de mars, 1 kg. 500 à 2 kgs de foin par jour. A partir de la fin de mars, l'herbe nouvelle commençant à pousser, la ration supplémentaire de foin est peu à peu supprimée. A la fin de mai, la même ration de foin est distribuée pendant toute la durée de la tonte ; certains éleveurs y ajoutent environ 1 kg. de féverolles en gerbe par tête, et un peu de paille pour occuper les animaux et servir de litière. Les troupeaux d'élevage sont soumis au même régime pendant la tonte.

Maladies et accidents qui surviennent dans la Molière

Disons tout d'abord que l'air marin très vif et très pur contribue pour une large part au maintien de la bonne santé des animaux, qui contractent rarement des maladies, s'ils sont suffisamment rustiques et adaptés au milieu. Les accidents possibles sont presque toujours soignés par le berger, qui doit observer constamment chacune de ses bêtes, soit pendant la marche du troupeau, soit pendant le pâturage. Les animaux formant l'arrière-garde sont l'objet d'une attention plus particulière ; dans les troupeaux communaux, ce sont généralement les moutons de l'Ile-de-France qui restent en arrière: c'est là un indice de manque de vigueur ; les boulonnais, au contraire, marchent en tête ; les bêtes qui ne mangent pas au pâturage ou qui restent en repos sans ruminer sont examinées et surveillées de près. Si le berger craint une maladie contagieuse, il doit isoler l'animal, jusqu'à ce qu'il soit fixé sur la cause exacte du malaise.

La cachexie aqueuse ou maladie de la douve ne peut exister dans le pâturage exclusif de molière, car le milieu salé ne permet pas le développement des larves de douve ; mais, lorsque pour une des raisons déjà citées les moutons vont pâturer dans les renclôtures, ou s'y rendent pour le parcage, ils peuvent très facilement contracter la maladie, dont l'agent de propagation est très répandu par suite de l'humidité constante et de l'absence de sel. Lorsque l'on découvre cette affection chez quelques bêtes, il est préférable de les vendre pour la boucherie avant l'apparition caractérisée du fléau. Un traitement parfois employé et que préconise le docteur Moussu, consiste à faire absorber chaque matin au mouton, pendant cinq à six jours consécutifs, 5 à 6 grammes d'extrait éthéré de fougère mâle, titré, en émulsion dans 20 à 25 grammes d'huile; on recommence ce traitement plusieurs fois et la guérison s'obtient au bout de trois semaines environ. Cette maladie est spéciale aux troupeaux d'élevage, car les bêtes d'engraissement restent trop peu de temps sur les herbages ; on a constaté que le mouton Charmois était moins sujet que les autres aux atteintes de la douve.

La bronchite vermineuse ne se montre que rarement chez les bêtes de prés salés et attaque plutôt les jeunes sujets. Le traitement est très problématique : il consiste à faire dans les narines des injections d'éther et d'essence de térébenthine et à administrer à l'intérieur l'huile empyreumatique à la dose de 5 gr. Si une partie du troupeau est atteinte, on l'isole dans une bergerie spéciale et l'on fait des fumigations avec du crésyl, du phénol ou du goudron ; ce procédé a pour effet de provoquer la toux et par suite de favoriser l'expulsion des strongles. Cette maladie est très contagieuse ; elle ne fait pas d'importants ravages dans la région, où elle apparaît rarement.

Si les deux affections dont nous venons de parler ne sont pas fréquentes chez les bêtes pâturant exclusivement dans la molière, il est loin d'en être de même pour le piétin, qui y est très répandu. Le milieu est en effet très favorable à son développement, par suite de l'humidité constante et de la vase qui pénètre et reste entre les deux onglons du pied. Le berger doit donc être très attentif et ne pas attendre, pour découvrir la maladie, de voir l'animal boiter ; dès le début, la peau devient rouge entre les deux onglons, puis l'on constate le décollement du biseau, et enfin une boiterie accentuée due à la formation de pustules qui s'ulcèrent en désorganisant la corne. Aussitôt que le berger s'aperçoit du décollement du biseau, il doit nettoyer le pied, amincir la corne le plus possible, et badigeonner l'emplacement de la pustule avec un pinceau imbibé d'acide azotique dilué. Ce traitement réussit bien lorsque la maladie est prise au début, ce qui arrive toujours lorsque le berger aime son métier et le connaît bien. Certains éleveurs préconisent l'emploi de la vaseline iodée au 1/20e, qui donne, paraît-il, de bons résultats. Pendant toute la durée de la maladie, les animaux atteints restent dans une bergerie isolée, sur une litière sèche et bien propre.

Comme nous l'avons dit précédemment, la gale apparaît rarement chez le mouton boulonnais, tandis qu'on la rencontre assez souvent chez les moutons de l'Ile-de-France achetés dans le Vimeu. La maladie n'est pas grave en elle-même, mais elle peut envahir très rapidement le troupeau entier si le berger n'a pas isolé immédiatement les premiers sujets atteints. Ces derniers devront être tondus, simplement autour des endroits malades, si la gale n'est pas généralisée, et complètement dans le cas contraire ; sitôt la tonte, on fait un bon lavage à la brosse avec de l'eau alcalinisée, pour faire tomber les croûtes. Si la gale est locale, on emploie de la décoction de tabac ou de l'essence de térébenthine. Lorsqu'elle est généralisée, les éleveurs de la région baignent les animaux dans une solution spéciale dont la composition est variable. Les deux formules les plus employées sont celle de M. Tessier, modifiée par M. Trasbot, professeur à l'Ecole d'Alfort, et celle de M. Zundel, vétérinaire à Strasbourg. La première formule est la suivante :

Acide arsénieux.............	1 kg.
Sulfate de zinc..............	5 kgs
Aloès	0 kg. 500
Eau	100 litres

Ce bain, qui est dosé pour 100 moutons, donne d'excellents résultats.

Celui de M. Zundel réussit fort bien aussi ; voici sa composition :

Acide phénique brut.........	1 kg. 500
Carbonate de soude..........	3 kgs
Chaux vive.................	1 kg.
Savon noir	3 kgs

Le tout est mélangé pour former une pâte épaisse délayée dans 260 litres d'eau chaude ; cette solution suffit pour 100 moutons. Chaque bête est lavée à la brosse de chiendent ; on renouvelle le même bain él le même lavage après cinq ou six jours. La guérison est presque toujours complète après ce traitement.

La météorisation est un accident assez rare dans les herbages maritimes, mais les troupeaux que l'on mène de temps en temps dans les prairies rencloses y sont assez sujets. Le cas se produit lorsqu'au printemps les moutons ont été conduits sur l'herbage trop tôt le matin, alors que la jeune herbe était encore imprégnée de rosée. Les bergers emploient divers procédés plus ou moins primitifs pour faire disparaître ce gonflement énorme du ventre. Les uns font mâchonner à la bête atteinte une branche de saule qu'ils maintiennent entre les dents ; l'animal peut ainsi provoquer le dégagement des gaz qui gonflent le rumen ; en aucun cas il ne faut exécuter de pressions sur la panse, car cela pourrait occasionner des ruptures internes. D'autres bergers effectuent la ponction du rumen avec les outils qui sont à leur portée ; ils prennent leur couteau tranchant et pointu, et l'enfoncent dans le flanc gauche de l'animal, à l'endroit précis où l'ouverture doit être pratiquée ; dans la fente ainsi formée, le berger engage un bâton de sureau dont la moëlle a été enlevée : on entend alors un sifflement caractéristique et l'animal se dégonfle rapidement. Ce procédé primitif est surtout utilisé par les bergers communaux, qui n'ont aucun outil perfectionné à leur disposition. Actuellement, la plupart des éleveurs de la région apprennent à leur berger la façon de se servir du trocard.

La diarrhée est un état maladif que contractent de temps en temps les moutons vivant dans la molière ; elle est due à deux causes principales : l'absorption d'eau de mer et l'indigestion de feuilles de l'*aster tripolium*. Le premier cas est assez rare, mais peut provoquer une diarrhée violente. Le second cas, plus fréquent, n'est pas grave, car le mouton apprécie peu les feuilles de la plante et mange plutôt ses fleurs, qui n'ont pas le même inconvénient. Le traitement consiste simplement à fournir à l'animal des boissons chaudes et une alimentation cuite, et à le laisser pendant quelques jours dans un local à température douce.

Il arrive enfin parfois qu'un mouton se casse une patte, soit en glissant, soit en sautant un fossé ; en pareil cas, il est bien plus avantageux de conduire l'animal à la boucherie que d'essayer de le guérir avec des médicaments toujours coûteux.

Essais d'amélioration et d'extension des herbages de Molières

D'après notre étude du début sur le milieu naturel, nous avons vu que les conditions mêmes ne permettent pas d'effectuer l'amélioration des herbages de molières ; l'envahissement fréquent de la mer interdit tout épandage d'amendements ou d'engrais, et l'action destructive des marées empêche tout travail du sol. Cependant, certaines parties des herbages, formant en quelque sorte cuvette, restent submergées par l'eau de mer pendant plusieurs jours et par conséquent ne sont pas utilisables pour le pâturage ; il est alors possible de tracer de petits canaux qui iront rejoindre les fossés naturels creusés par les marées et permettront un assèchement rapide des surfaces envahies. Ces canaux exigent de temps en temps un léger entretien, car ils ont tendance à se combler par suite du dépôt des vases. Pour faciliter le passage des troupeaux à l'endroit des courants, on creuse les bords et l'on forme une pente douce de chaque côté : les moutons, en traversant, achèveront l'œuvre par leur piétinement. Si le fond est trop vaseux, on y place quelques morceaux de bois ou quelques galets. Nous voyons ainsi que les moyens d'amélioration sont très restreints et pour ainsi dire nuls.

Il n'en est pas tout à fait de même au point de vue de l'extension des herbages et de leur propagation plus rapide. Dans ce but, l'homme ne peut exercer aucune action sur le dépôt de vases, mais il peut agir sur la végétation ; le premier moyen qu'il possède est le semis artificiel des plantes les plus salifères sur la grève encore nue : celles qui donnent les meilleurs résultats sont la spartine à fleurs alternes, la bette maritime et la salicorne herbacée. Il ne faut pas récolter les graines trop près des vases nues, pour ces deux dernières plantes, car, dans ce cas, on empêcherait le développement du gazon maritime au milieu d'elles ; on les récoltera de préférence par fauchage, sur les surfaces recouvertes de gazon; en cet endroit elles n'ont plus, en effet, aucune utilité. Après séchage des tiges, les graines sont recueillies facilement et peuvent être semées en février sur la grève nue, là où le niveau des vases est suffisant. Ce procédé, joint à la plantation de la glycérie maritime aux endroits suffisamment dessalés, peut donner des résultats appréciables et accroître la rapidité de conquête du domaine marin.

Mais, à l'heure actuelle, la main-d'œuvre est tellement coûteuse que l'on ne peut véritablement songer à la pratique de ces procédés. De plus, qui serait chargé de les entreprendre, le locataire des herbages ou l'Etat ? Le locataire ne voudrait pas se lancer dans de tels frais de main-d'œuvre ; le bénéfice qu'il en retirerait ne pourrait, en effet, les compenser. L'Etat seul serait capable de faire ces essais; mais il loue ces herbages à un prix tellement bas qu'il n'obtiendrait de cette extension aucun avantage. Outre cette considération, il en est une plus importante encore au point de vue économique ; le service des Ponts et Chaussées n'a pas manqué de l'envisager; cette grave question est celle de l'envasement du port de Saint-Valéry-sur-Somme et du chenal qui conduit à la mer. En effet, plus le dépôt des vases s'accentue, plus les prés maritimes progressent, et plus l'accès du port devient difficilement praticable. Ce dernier est évidemment voué au sort des anciens ports jadis si importants d'Abbeville et de Port-le-Grand, mais les services de l'Etat veulent avec juste raison voir ce fait s'accomplir le plus tard possible.

Troisième Partie

LES WATERINGUES

CHAPITRE PREMIER

Généralités

La région des wateringues, constituée par la partie
maritime de la Flandre française, s'étend sur une
largeur assez variable depuis Saint-Omer jusqu'à la
frontière belge, puis elle se prolonge à travers la Belgique et la Hollande jusqu'au-delà des frontières
danoises ; mais nous n'étudierons ici que la portion
française de ces terrains bas dont la conquête sur la
mer a demandé et demande encore beaucoup de travail
et de persévérance.

Historique

Les premiers habitants de cette région, menacés par
la mer, dont les marées d'équinoxe atteignaient un
niveau supérieur à celui de la majorité de l'étendue de
leur plaine, durent songer à se débarrasser des eaux
descendant des collines environnantes et se mêlant
à celles que des pluies fréquentes déversaient sur le
pays, le transformant pendant dix mois de l'année en
un véritable marécage dont les îlots servaient, au dire

des historiens, de refuge aux indigènes poursuivis par les légions romaines.

Le premier travail entrepris consista à creuser d'innombrables fossés d'écoulement, donnant dans des collecteurs principaux, se déversant eux-mêmes dans la mer par les estuaires naturels de la côte. Mais au moment des fortes marées, l'eau, refoulée dans ces canaux, envahissait le pays. Il fallut donc établir des portes qui, fermées, empêchaient la mer d'entrer dans la plaine, et ouvertes, lors du reflux, laissaient s'écouler le trop-plein amassé derrière elles. Cette œuvre formidable demanda beaucoup de temps ; au début, on se contenta des rigoles naturelles qui s'étaient creusées et allongées à mesure de l'assèchement de la plaine.

On perfectionna ensuite le dessèchement en creusant des watergands artificiels et en approfondissant les anciens « kreeks ». Une réglementation intervint alors ; aucun propriétaire, sauf ceux dont les terres touchaient l'écluse, ne put évacuer sans l'assistance ou l'agrément d'autrui les eaux surabondantes de son exploitation. Comme il lui fallait traverser la propriété de ses voisins, il était naturel que ces derniers pussent refuser de laisser pénétrer sur leurs terres ce nouvel afflux d'eau, lorsqu'ils avaient de la peine à assécher eux-mêmes leur propre sol ; de plus, la nécessité de maintenir un gardien aux écluses incita les habitants à une entente étroite.

Les wateringues furent donc très probablement à l'origine des associations privées, sur lesquelles aucun contrôle de l'Etat ne s'étendait. A en croire les historiens, le nom même du « dyckgraaf », l'administrateur élu par les associés pour diriger l'assèchement, indique l'antiquité de l'institution.

Au XIIe siècle, en effet, ces associations apparaissent déjà comme constituées, sous l'autorité du comte qui surveille leurs travaux ; la vénérable chartre de Philippe d'Alsace, en 1184, établit les moines des Dunes gardiens (*custodia*) de la grande écluse de Dunkerque, et décide qu'en cas d'accident elle sera reconstruite à frais communs.

Au siècle suivant, apparaît le nom de « wateringues », mais une chartre accordée en 1239 à l'un de ces groupements prouve que l'institution existait déjà depuis longtemps.

Canaux d'asséchement

Alors que chaque particulier s'occupait d'aménager son propre champ en y creusant des fossés, à la wateringue revenait la tâche d'établir des watergands longs et profonds, d'en consolider les bords et d'en entretenir les dimensions ; de placer des vannes et des écluses à la jonction des canaux secondaires avec les artères principales ; de construire des écluses de mer ; enfin, de veiller à la manœuvre de cet outillage. Tout d'abord, on utilisa pour le desséchement les anciennes rivières (bras secondaires de l'Aa), dont quelques-unes sont encore reconnaissables à leurs sinuosités, caractère qui n'existe pas dans les rigoles artificielles. Il suffisait alors d'établir des vannes au débouché des watergands secondaires pour réaliser un système complet d'asséchement. Mais l'eau, à travers ces canaux tortueux, ne s'écoulait qu'avec une extrême lenteur et l'entretien de toutes les sinuosités était inutile et coûteux. On décida alors de faire aboutir tous les canaux des wateringues dans les quelques grandes artères du

pays, qui étaient en même temps des voies navigables :
canal de Watten à Calais, de Dunkerque à Nieuport,
de l'Aa, canaux de Bourbourg à Bergues et de la Colme.

Cette transformation s'accomplit au xviie siècle et
fut d'abord favorable au desséchement, qui disposa
ainsi de voies plus directes, plus larges et régulièrement entretenues.

Cependant, au fur et à mesure que la navigation se
développait et que le tirant d'eau des bateaux devenait
plus considérable, des conflits éclataient entre le
service des voies navigables et celui des wateringues :
lorsqu'une crue se produisait, il fallait ouvrir les
écluses toutes grandes à la mer, opérer des tirages à
pleines voies dans les canaux principaux, pour pouvoir
abaisser le plan d'eau de tous les watergands. Il en
résultait, dans ces grands canaux, des courants
violents et une diminution de profondeur qui arrêtaient
la navigation et causait même aux bateaux de graves
dégâts. Faire cesser ces inconvénients devint la règle
des grands travaux accomplis par l'Etat et les wate-
ringues au xviiie et xixe siècle ; pour cela il fallait rendre
indépendant l'un de l'autre les systèmes de navigation
et de desséchement. C'étaient donc des kilomètres de
nouveaux watergands à creuser et à approprier, avec
lesquels les rivières et les canaux ne communiquent plus
que par des vannes ouvertes en été pour se procurer
de l'eau douce. La plupart des régions ont maintenant leur canal d'évacuation, distinct des voies
navigables ; le Calaisis a le canal des Pierrettes, la
rivière d'Oye et le canal de Marck ; les sections du
département du Nord ont le Schelvliet, le Langhe-
Gracht et le canal des Moëres, pour ne citer que
ceux-là.

Il est assez singulier de constater l'étonnante facilité avec laquelle on peut changer la pente d'un **watergand** et comment, de son extrémité, on fait sa tête. La rivière d'Oye a eu son écoulement vers Gravelines jusqu'en 1680 ; à cette date, on en dirige les eaux vers Calais ; à la fin du xviiie siècle, on en ramène la moitié vers Gravelines, et aujourd'hui l'ancienne pente est sur le point d'être reconstituée. Les canaux coulent indifféremment vers l'Est ou vers l'Ouest ; il suffit d'un batardeau bien placé et d'un faucardement bien fait pour déplacer la pente, tant celle-ci est peu considérable.

Enfin, l'établissement de canaux de wateringues distincts des voies navigables entraînait la construction d'écluses spéciales dans les ports. Cette transformation a coïncidé avec la disparition des bassins de chasse et c'est aux eaux de desséchement que l'on a confié l'ancien rôle de chasse, devenu secondaire grâce aux dragages.

A l'heure actuelle, il existe une puissante organisation groupant tous les cultivateurs du littoral du Pas-de-Calais et du Nord et connue sous le nom de *Syndicat de desséchement des Wateringues* ; elle est divisée en dix sections, deux pour le Nord et huit pour le Pas-de-Calais.

Les différences d'altitude de cette plaine, l'éloignement de la mer, la proximité des collines du Houtland d'où ruissellent des quantités d'eau considérables sont autant de facteurs importants qui rendent très variables les difficultés du desséchement de la plaine.

Nous étudierons d'abord les wateringues du Pas-de-Calais, ainsi que les particularités qu'offre la section des hortillonnages de Saint-Omer, puis les wateringues du Nord, avec les Moëres.

CHAPITRE II

Wateringues du Pas-de-Calais

I. — Le Calaisis

Si les terres situées le long des côtes furent favorisées pour l'évacuation des eaux, il n'en fut pas de même pour les terres basses les plus éloignées de la mer, et par suite les plus proches des terres hautes du Houtland ; c'étaient elles qui recevaient l'eau en plus grande abondance et éprouvaient le plus de difficulté à s'en débarrasser. Aussi nulle part le desséchement ne fut-il plus pénible et plus lent que dans cette région, et le Calaisis, de Ruminghem à Sangatte, resta-t-il longtemps, après la disparition de l'estuaire, une terre basse et noyée, une wastine, dénommée, d'après les chroniques de Lambert d'Ardres : « Un marais rempli de grenouilles, de crapauds, de lézards et d'autres vermines immondes. » Les cartes de l'époque de Henri VIII montrent une ligne de marais, couverts d'eau une grande partie de l'année, qui se succèdent d'Audruicq à Nieubourg.

Pourtant, les anciens habitants de la Morinie, au moment de l'occupation romaine, avaient déjà commencé l'assèchement, et au début du XIVe siècle, au dire de certains chroniqueurs, 1.300 hectares aux environs de Calais et de Guines étaient conquis sur la mer. Mais le terrain était si bas et les canaux tellement de niveau avec le sol, que par vent d'Ouest et pluie légère les eaux du canal d'Hennuin, refoulées par la brise, inondaient les terres de Guemps, Offekerque, Vieille et Nouvelle-Eglise, tandis que par vent d'Est et grosse pluie, il n'y avait pas de submersion à craindre. Ainsi le Calaisis n'avait rien à envier à son voisin de Langle, tous deux étaient inondés à peu près régulièrement chaque hiver, même au XVIIIe siècle. En décembre 1775, par exemple, toutes les terres sont submergées d'Hennuin à Boulogne et sont « plutôt un lac qu'une campagne » ; sur la rive du côté de Bredenarde, la terre et la rivière ne sont plus qu'une mer, sans apparence de digues. La faute en était cette fois à la rivière de la Hem ; d'autres fois, c'était l'Aa dont les eaux se déversaient par l'écluse d'Hennuin. Certaines terres sont si basses que, pour les assécher l'été venu, il faut ouvrir fréquemment les écluses à la mer, et les autres parties finissent par manquer d'eau. Au début du XVIIIe siècle, il n'y avait que deux voies d'écoulement : le Vinfil, artère centrale de desséchement, coulant de Vieille-Eglise à Nieubourg, et le canal d'Hennuin à Calais. En 1737, pour donner aux eaux des terres du Nord un écoulement par le canal de Marck, un programme de travaux fut dressé ; et si l'on compulse les archives du Pas-de-Calais on y trouve que ces travaux coûtèrent, pour la seule année 1738, 292.000 livres au Calaisis. Sept ans plus tard, un programme plus vaste encore fut élaboré, mais ni l'un ni l'autre ne furent achevés.

Pendant trente ans, le Calaisis traîna une existence misérable ; en 1778, d'importants travaux furent commencés pour rendre le système d'asséchement indépendant des voies navigables. Mais ce fut en 1895 seulement, après un siècle d'efforts, que les grands marais disparurent, et il ne resta plus que de petites étendues noyées, d'où l'on extrayait jadis la tourbe. Au début du XIXᵉ siècle, en effet, durant les mois d'hiver, le pays était encore submergé de Coquelles à Guines, et les voyageurs qui prenaient la route de Paris s'embarquaient à Nieubourg sur les bateaux plats qui venaient les déposer près de Fréthune, à la Tourelle ; là commençait seulement la vraie route de terre.

On a beaucoup travaillé dans le Calaisis à l'approfondissement de la rivière d'Oye, au creusement et à l'élargissement de nombreux autres watergands, ce qui a largement contribué à l'amélioration et au desséchement. Les marais d'Ardres et de Guines, avec les nappes blanches de leurs « clairs » qui brillent entre les rangées de saules, leurs carrés de terre noirâtre, leurs pâtures hérissées de roseaux et leurs petites maisons de pauvres gens, représentent un grand progrès sur le pays que vit Lambert d'Ardres.

A l'heure actuelle, la plaine du Calaisis possède un niveau qui est de 1ᵐ50 à 5ᵐ au-dessus des hautes mers. Les eaux de pluie et celles provenant des collines de l'Artois sont évacuées au moyen de nombreux watergands dont les écluses, situées à Gravelines et à Calais, s'ouvrent à marée basse et se referment à marée haute. Il nous a paru intéressant de retracer rapidement tous les travaux qui ont été faits à notre époque pour l'assainissement du Pas-de-Calais. Les pouvoirs publics intervinrent pour la première fois par la loi du 14 floréal an XI, pour réglementer les travaux et l'entretien des canaux et rivières non navigables, ainsi que des digues qui y correspondent, dans l'intérêt de la culture et pour assurer du même coup la bonne organisation des wateringues. Vint ensuite le décret de 1809, qui fut modifié plus tard par l'ordonnance royale du 27 janvier 1837.

Le drainage apparut vers 1820 ; les Anglais étant passés maîtres dans cet art, on fit venir des ouvriers anglais avec tout le matériel voulu et les propriétaires se mirent à l'œuvre, surtout dans les arrondissements de Saint-Omer et de Boulogne.

En 1856, le Conseil général émit un vote pour encourager le drainage et institua un crédit de 1.200 francs pour ces travaux ; ce crédit fut du reste supprimé en 1860 : tous les propriétaires, ayant reconnu les grands avantages de ce procédé, n'eurent plus besoin d'encouragement.

Hortillonnage de Saint-Omer

L'hortillonnage de Saint-Omer, qui fait partie de la VIIe section des wateringues, englobant les quelques 2.000 hectares des marais de jadis, doit retenir notre attention par sa formation et son mode cultural. Si les faubourgs de Lyzel et du Haut-Pont respirent la richesse, chaque maison y ayant son petit quai d'embarquement où les bateaux prennent les engrais et viennent apporter ensuite les produits de la culture, constitués le plus souvent par des légumes, mais quelquefois aussi par des céréales et des plantes fourragères, ce ne fut qu'au bout de nombreux siècles d'efforts que l'on parvint à ce résultat.

La nature, en effet, avait fait des marais de Saint-Omer une région particulièrement difficile à dessécher : ce territoire, dont l'altitude, supérieure au niveau des

hautes mers de morte eau, n'atteint pas celui des **vives
eaux**, est entouré d'une ceinture de collines élevées qui
lui envoient leurs eaux pluviales. De l'Artois **sortent**
de grosses sources dont l'une, la Houlle, est une **véritable rivière** ; l'Aa y débouche au Sud et le **brusque**
changement de pente qu'elle y subit rend les inondations
presque inévitables ; enfin, pour évacuer toutes les
eaux accumulées sur ces terres basses, il existe seulement une ouverture large de 500 mètres, le passage de
Watten, encore éloigné de la mer de plus de 20 **kilomètres.**

Au moment de l'invasion marine, le canton devient
donc un vaste marais saumâtre sur lequel, d'après
la chronique, saint Bertin, au VIIe siècle, abandonne sa
nacelle, que les flots poussent de Saint-Momelin vers
Saint-Omer, c'est-à-dire vers l'amont. Au XIIe siècle,
cette étendue d'eau stagnante devient une terre basse
émergeant à peine des flots environnants. A en croire
une chartre de 1211, qui donne à une abbaye voisine
les terres gagnées sur l'Aa par le desséchement et
celles que l'on pourra acquérir par la suite, on suppose
cette rivière très large et peu profonde. Ce ne fut guère
qu'au XVIIIe siècle que l'on put définitivement assécher
et livrer à la culture un sol jusqu'alors réservé à la
pêche et à la chasse. Les propriétaires ne restèrent pas
inactifs ; ils se mirent à exhausser le sol par des rem-
blais et à creuser partout des fossés pour augmenter
les facilités d'écoulement ; mais le résultat obtenu
fut que les eaux descendirent beaucoup plus **vite**
à la rivière, augmentant le nombre des inondations.
On n'osait faire aucune semaille d'hiver, une crue étant
toujours possible et par contre impossible à éviter.
Cette situation amena à exécuter sur l'Aa inférieure, de

1875 à 1880, des travaux qui, en doublant la section de son lit, permirent l'évacuation rapide des eaux supérieures. Malgré les efforts déployés, une forte inondation survenue en 1894 recouvrit le marais d'un mètre d'eau. Aujourd'hui, de nombreux travaux rendent impossible une pareille catastrophe. Tout comme dans les autres sections, des écluses laissent échapper l'eau de supplément à marée basse, et lors des grandes sécheresse, elles retiennent les eaux qui rendent à la terre toute l'humidité désirée.

Sur les bords de l'Aa débouche de temps à autre un canal collecteur, dans lequel se déversent des fossés profonds de 1^m à 1^{m}10 et larges de 4 à 5^m, recevant toutes les eaux d'infiltration du sol. Ces fossés sont distants les uns des autres de 25 mètres environ. Enfin, certains polders, comme ceux que nous avons décrits, sont desséchés régulièrement à l'aide de pompes puissantes analogues à celles des wateringues.

Un des maraîchers les plus importants du faubourg de Lyzel a bien voulu nous montrer et nous expliquer, l'été dernier, les moyens de drainage qu'il pratique, et nous donner un aperçu de sa culture.

Les terres sont divisées en *hautes terres* et *basses terres*. Elles ont chacune un mode de culture assez différent. Les hautes terres, relativement sèches, peuvent être utilisées pour les cultures d'automne et d'hiver ; les basses terres, moins bien assainies, ne peuvent être cultivées que l'été.

Voici diverses analyses faites par M. Unaflart dans les faubourgs de Lyzel :

ÉCHANTILLONS DE TERRE	AZOTE	ACIDE PHOSPHORIQUE	POTASSE	CHAUX
	%	%	%	%
1	0,506	0,309	0,145	10,60
2	0,672	0,294	0,104	10,65
3	0,449	0,285	0,128	10,63
4	0,170	0,363	0,119	8,40
5	0,204	0,640	0,159	9,23
6	1,037	0,229	0,111	10,59
7	0,103	0,308	0,197	9,20
8	0,651	0,333	0,140	11,76

Comme on peut facilement s'en rendre compte, ces terres sont excessivement riches en azote et en acide phosphorique, mais la potasse semble faire un peu défaut. La culture maraîchère étant très exigeante, les maraîchers, sous peine d'appauvrir leurs terres, sont obligés de fumer abondamment et de forcer en potasse. Les principaux engrais organiques employés sont : le fumier de ferme, le terreau, le purin et l'engrais flamand, ainsi que les tourteaux de ricin et de sésame; on leur adjoint même des vases abondantes provenant du curage des fossés, des composts, ainsi que de la cendre de bois.

Comme engrais minéraux, on utilise surtout le nitrate de soude, le sulfate d'ammonium et le plâtre.

Il y aurait intérêt, semble-t-il, à augmenter la dose d'engrais potassiques, l'analyse révélant un manque important de cet élément.

La culture est pratiquée d'une façon tout à fait intensive; ainsi l'assolement suivi par la personne qui a bien voulu nous recevoir est :

Légumes foliacés.
Plantes bulbeuses et à racines.
Légumes et fruits secs.

Quand le temps s'y prête, on fait ce que l'on appelle en grande culture des « hors-sole ».

Les principaux légumes que l'on y cultive sont : chicorée (endive de Bruxelles), poireaux, choux, artichauts, laitues, oignons, navets, carottes, pommes de terre, pois, haricots.

CHAPITRE III

Wateringues du Nord

Les wateringues du Nord sont, comme nous l'avons dit, divisées en quatre sections.

Elles sont constituées par un immense réseau de fossés et de rigoles de toutes dimensions, qui vont se déverser dans plusieurs canaux dont les principaux sont ceux de Colme, de Bourbourg, de Furnes et de Bergues.

Nous avons choisi, pour la décrire ici, la quatrième section des wateringues, comprise entre Dunkerque, Burgues et Furnes, d'origine différente et dont l'assèchement a demandé encore plus d'efforts que les autres.

Dans cette partie, existe un bassin de 21.000 hectares, présentant en général une inclinaison orientée vers la mer. Deux fractions de cette étendue, formant cuvette par rapport aux terres desséchées, constituaient autrefois un véritable lac, servant de réceptacle aux eaux des basses mers. Il n'y a guère plus d'un siècle, ces deux cuvettes, appelées Moëres, étaient encore couvertes, au dire des habitants, de 4 à 6 pieds d'eau salée. Le plus grand bassin, appelé Grande Moëre, a une superficie d'environ 3.150 hectares ; l'autre, la Petite Moëre, a une surface de 1.340 hectares.

Célèbres par la Grande Guerre, l'histoire des Moëres mérite d'être rappelée. Au début du XVIIe siècle, après une étude faite en compagnie de l'ingénieur Van

Kuyhn, le baron Wenceslas de Coëberghen **signe**
à Bruxelles, en 1616, avec le Prince Albert, une conven-
tion selon laquelle les Moëres seraient divisées en **deux**
parties : la moitié, du côté de Bergues, devenait la
propriété du baron, l'autre, celle de Furnes, restait **au**
prince Albert. Dès l'année suivante, en 1617, il fut
accordé au baron Wenceslas de Coëberghen « tout
hauts moyens et toute basse justice pour la partie lui
appartenant, avec droit de confiscation, de vente, de
chasse et de biens bâtards, d'y établir un curé, etc. ».
Suivant les plans de l'ingénieur Brunon Van Kuyhn,
on commença, sur l'ordre du baron, à creuser en 1618
une ceinture en grand canal (Ringsboot), autour des
Moëres appartenant à ce dernier ; de plus, avec la terre
enlevée du Ringsboot, on établit une digne plus élevée
non seulement que les marais, mais encore que les
terres avoisinantes. Ce travail fut mené avec tant
d'activité qu'en 1619, le Ringsboot, flanqué d'une haute
digue, put retenir les eaux des terres supérieures. Un
autre canal fut creusé, en 1620, jusqu'à Dunkerque, et
on y adjoignit une écluse permettant d'écouler les eaux
à la mer.

Dès 1622, beaucoup d'endroits se trouvèrent asséchés,
dans la Grande et la Petite Moëres.

L'ingénieur Brunon ne s'arrêta pas là ; il fit creuser
de nombreux fossés et rigoles, qui divisèrent le territoire en parcelles appelées « cavels », sortes de
rectangles de 800 mètres de largeur environ. Tous ces
fossés se déversaient dans le Ringsboot.

Une vingtaine de moulins, destinés à moudre le grain
et à pomper l'eau, furent construits sur la digue.
Ceux-ci, tournant nuit et jour, avaient pour mission
d'épuiser les eaux qui leur étaient amenées et de les

déverser dans le canal de Dunkerque. Ils actionnaient au début de grandes roues à palettes, puis il leur fut adjoint un système plus perfectionné, constitué par des vis d'Archimède de 5 mètres de longueur sur 1^{m}50 de largeur, et capables d'élever 40 mètres cubes d'eau à la minute à 1 mètre de hauteur.

En 1624, on ensemença les Moëres en colza, et la récolte dépassa les espérances. Puis quelques plantations d'arbres furent essayées. En 1632, on comptait déjà plus de 140 fermes dans les Moëres, une église fut bâtie, et en 1633, un village d'une quarantaine d'habitations fut édifié. Un marché s'y tint toutes les semaines.

Cette prospérité sans cesse grandissante fut pourtant éphémère. La guerre ayant éclaté entre Philippe IV, roi d'Espagne et comte de Flandre, et Louis XIII, roi de France, le général Lambay campa dans ce pays qui devint le théâtre de la guerre et fut complètement ruiné. En 1646, chassé de Courtrai, Menin, Gravelines, Cassel, Bourbourg, etc., le général espagnol, marquis de Leyde, menacé dans Dunkerque, ordonna, le 4 septembre, d'ouvrir les écluses. La chronique rapporte que la mer se précipita dans les Moëres avec une telle violence que les habitants s'enfuirent à grand'peine et que beaucoup furent noyés. Le baron Wenceslas de Coëberghen, voyant ainsi son œuvre anéantie, en mourut de chagrin à l'âge de 70 ans. Les Moëres revinrent à leur état primitif.

Cent ans plus tard, le comte d'Hérouville sollicita et obtint en 1746 la concession des Moëres ; il reprit l'œuvre de Coëberghen, et en 1762 les Moëres retrouvèrent leur prospérité d'antan.

Malheureusement, le funeste traité de Paris de 1763,

par lequel la France devait combler le port de Dunkerque et démolir l'écluse de la Cuvette, qui évacuait à
marée basse les eaux des Moëres, détruisit une partie
des travaux. En vain essaya-t-on de remplacer les
écluses par des lacis et des clapets, les terres n'étaient
plus à l'abri des inondations. Découragée par tant de
revers, la société chargée du desséchement laissa
tomber les digues et les moulins dans un délabrement
tel que toute culture devint impossible.

Cependant, en 1779, la Compagnie hollandaise Wandermey répara les digues et reconstruisit les moulins ;
une partie des terres furent de nouveau cultivées. Mais
le 20 avril 1793, la flotte anglaise bloquant Dunkerque,
il fallut encore recourir à l'inondation. En moins
de deux heures, les eaux montèrent de deux mètres dans
le Ringsboot, la digue se rompit et les Moëres furent
de nouveau submergées. Pendant trois ans, on ne vit
plus sur cette malheureuse terre, qui avait coûté tant de
labeurs, que quelques pêcheurs et des marchands de
roseaux. L'eau avait repris son empire ; mais, avec
une ardeur et une persévérance admirables, les
agriculteurs se hâtèrent de le lui disputer à nouveau.
La Société Wandermey obtint la concession des
Moëres ; elle ne réussit que très imparfaitement dans
son entreprise et une association de propriétaires lui
succéda. En 1802, le directeur, M. Buysen, se fit accor-
der par le Gouvernement la reconstitution de l'écluse
de la Cuvette ; tous les désastres furent peu à peu
réparés. Alors que le pays redevenait prospère, les
événements de 1813 à 1815 firent courir à la malheureuse région de nouveaux dangers. Pour sauver la
France envahie, une nouvelle inondation était nécessaire.

M. Buyscn cependant sauva les Moëres de la ruine complète en les inondant à l'eau douce. Les dégâts, bien que l'inondation n'eût duré que huit mois, furent très élevés. Après les désastres de 1818, M. Bosquillon de Jenlis, alors ingénieur de Dunkerque, reçut l'ordre d'ouvrir les écluses de la mer ; il n'obéit pas, et les Moëres furent préservées. En 1820, sensiblement améliorées, elles donnaient déjà des superbes récoltes de blé, d'avoine et de colza ; l'activité agricole y renaissait.

Enfin personne n'a encore oublié que durant la Grande Guerre, les Moëres furent inondées par deux fois à l'eau douce.

La première inondation dura du 30 septembre 1914 au 16 juin 1915 ; les terres, immédiatement remises en culture, ne souffrirent pas beaucoup. La seconde, du 30 avril au 10 septembre 1918, fut désastreuse, et les terres ne sont pas encore revenues à leur état d'avant-guerre.

Si les innombrables watergands qui sillonnent les autres sections des wateringues témoignent du labeur nécessaire à l'assainissement de la région, le sol des Moëres, découpé en damiers par des fossés bordés de peupliers, les machines à vapeur et les antiques moulins à vent qui aspirent l'eau sans relâche montrent bien quel fut le travail persévérant de ces Flamands qui, malgré les épreuves, ont su conquérir et garder cette riche contrée.

Il ne faut pas croire que l'assainissement des Moëres soit pleinement réalisé. Leurs eaux, comme nous venons de le voir, doivent traverser le territoire des wateringues pour parvenir à la mer. Or, selon la direction et l'influence des vents, la mer demeure parfois plusieurs jours au-dessus du niveau des wateringues.

Aucune écluse ne pouvant être ouverte et les Moëres déversant sans cesse leurs eaux, les wateringues se trouvaient inondées. Cet état de choses provoqua de nombreux conflits. Pour y remédier, l'administration des wateringues a fait construire un barrage éclusé et la machine du pont de Steendam qu'actionnent deux pompes capables de rejeter 320 mètres cubes à la minute. Grâce à ce dispositif, lorsque la mer est à un niveau suffisamment bas, les eaux s'écoulent par le canal d'évacuation ; dans le cas contraire, les eaux sont rejetées au-dessus du niveau de la mer dans une sorte d'immense réservoir, comprenant le canal d'évacuation et le fossé des fortifications de Dunkerque.

Une grande partie du travail est effectué, mais l'achèvement n'est pas encore atteint ; pour lutter et se prémunir contre toute inondation possible, les fossés et canaux doivent être élargis, et c'est pourquoi les sociétés s'efforcent de leur assurer une profondeur suffisante ; malheureusement, chaque wateringue ne possède pas encore son canal particulier d'écoulement ; elle est obligée d'avoir recours aux grandes voies navigables, et ses intérêts sont souvent opposés à ceux de la navigation, situation regrettable et qui attire toutes sortes de conflits. Les wateringues doivent tendre à se rendre de plus en plus indépendantes de la navigation. Enfin, lorsque l'évacuation des eaux sera achevée, une notable surface pourra être gagnée, surtout dans les Moëres, en comblant les petits fossés et en les remplaçant par des drains posés à une faible profondeur.

CHAPITRE IV

Cultures dans les Wateringues du Pas-de-Calais et du Nord

Afin de montrer quels furent les résultats de ces efforts, et pour étudier les cultures des wateringues du Pas-de-Calais et du Nord, nous reproduirons ici les nombreuses indications qui nous furent données à ce sujet par MM. Dussaussoy et Meesemacker, l'un propriétaire d'une importante exploitation dans la commune d'Oye, l'autre dirigeant la ferme de Ghylsthove et dont le fils a eu l'honneur, il y a quelques années, de soutenir, à l'Institut Agricole de Beauvais, une thèse sur cette même région.

Nature du sol

1° LE CALAISIS

Au point de vue de la constitution du sol, le terrain situé en arrière des dunes est constitué par un mélange de très peu d'argile, de beaucoup de sable, de graviers et de fragments de coquillages ; il repose sur un banc d'argile blanche sableuse, propre à la fabrication de briques blanches ; cette argile est située elle-même, à l'Est de Calais, sur un lit de sable vaseux, à l'Ouest, sur des galets et même sur de la tourbe ; celle-ci passe près de Sangatte, sous la dune, témoignant qu'une partie du détroit fut à l'état de bois et de marais avant d'être occupée par la mer. Le calcaire est parfois insuffisant ; il en est de même de l'acide phosphorique, et cette circonstance explique un certain degré d'acidité du sol ; de ce fait, les animaux y sont sans force et les végétaux sans saveur, si l'on ne procure aux uns par l'avoine et aux autres par les amendements les substances qui leur sont nécessaires. A une distance de 2 kilomètres au plus de la côte, la terre change d'aspect et laisse voir une couche arable formée de sable, d'argile, de calcaire, que la mer a arrachée à la falaise pour la déposer en forme de colmatage, et d'une énorme proportion d'humus, qu'une libre végétation sans emploi a amoncelé durant des milliers d'années. Cette proportion d'humus n'est pas égale partout ; elle est moins importante à Marck et à Boulogne que dans le fond de Nielles-les-Calais, par exemple ; elle augmente généralement vers Watten-Saint-Mornelin, en même temps que le calcaire diminue de plus en plus. A Nielles-les-Calais, à Marck, à Boulogne, la terre végétale, de couleur brune, a de 0^m30 à 0^m50 d'épaisseur ; elle repose sur un banc d'argile blanche mêlée d'un peu de sable. Viennent ensuite un lit de sable gris légèrement argileux, puis, plus bas, du sable bleu, vaseux, profond. Près de Watten et Saint-Mornelin, à 30 kilomètres en arrière, vers la pointe du triangle, on trouve une couche végétale noire tourbeuse de 0^m40 à 1 mètre d'épaisseur ; elle est assise sur un énorme banc de sable, noirci d'abord par les infiltrations humides, puis indéfiniment gris.

Les terres de la région sont généralement bonnes ; voici du reste quelques résultats d'analyses faites par M. Pagnoul :

	Azote %	Acide phosphorique %	Potasse %	Chaux (en carbonate) %
Argile compacte...........	0,188	0,116	0,330	18,061
Argile d'assez bonne qualité, convenant à toute culture.	0,124	0,116	0,250	14,974
Bonne terre argileuse......	0,122	0,101	0,290	14,101
Terre argilo-siliceuse, appelée *saline* dans le pays.......	0,153	0,129	0,347	25,045
Terre passable, de culture facile, à sous-sol siliceux un peu argileux.........	0,301	0,106	0,291	15,806
Sable siliceux ; terre donnée comme passable	0,132	0,063	0,256	14,016
Terre forte, difficile à cultiver	0,129	0,104	0,386	16,412
Bonne terre légère........	0,134	0,092	0,220	13,834
Terrain poreux, gris noir l'hiver, gris blanc l'été, facile à travailler.........	0,144	0,092	0,250	22,086
Sable jaune blanc, amené par le vent et qui a formé le rivage quand la mer s'est retirée.............	0,029	0,036	0,043	0,101

Ces échantillons ont été pris dans les communes de Guemps, Vieille-Eglise, Nouvelle-Eglise, voisines d'Offekerque, qui se trouve dans le canton d'Audruicq.

2° LE DUNKERQUOIS

Sa constitution géologique est à peu près semblable à celle du Calaisis ; le terrain de formation récente est en beaucoup de points à une altitude inférieure à celle des hautes mers : les dunes forment toujours un cordon d'épaisseur variable le long du rivage, et les vents du Nord-Ouest les poussent vers l'intérieur des terres ; à l'Est de Dunkerque, surtout, leur avance est de plus de trois mètres par an. La superposition des terrains, d'après la coupe géologique, montre du sable des dunes, du sable marin, une épaisseur de tourbe assez variable et enfin l'argile des Flandres, qui affleure aux environs de Saint-Omer : celle-ci forme la plaine de Dunkerque, où elle atteint en bien des endroits une épaisseur de plus de 80 mètres. Les alluvions modernes, constituant à elles seules le véritable sol de la plaine, sont de nature marine et fluviale. Derrière les dunes, on trouve une sorte de glaise blanchâtre, renfermant en abondance des coquilles marines, et qui repose sur une sorte de vase bleue se prolongeant et s'amplifiant dans la région des Moëres. La constitution de celle-ci est parfaitement simple : on y rencontre d'abord de la tourbe, sous une épaisseur dépassant souvent 3 à 5 mètres ; elle est recouverte par des alluvions marines inférieures, consistant en une infinité de minces strates régulières de sable gris très ténu et d'argile grise. Comme toujours, on y trouve mêlés de nombreux fossiles d'êtres marins inférieurs. Enfin, par endroits, apporté par les inondations successives, un sable jaunâtre grossier assez meuble constitue la couche végétale.

Une analyse de terre prélevée dans la plaine de Dunkerque, près de la région des Moëres, a donné les résultats suivants :

ANALYSE PHYSICO-CHIMIQUE

(pour 100 de terre fine)

Sable siliceux	79,26
Argile	11,91
Calcaire	5,30
Débris organiques	1,56
Humus	»
Eau	1,97

ANALYSE CHIMIQUE

(pour 100 de terre fine)

Azote	0,1360
Acide phosphorique	0,1284
Chaux	2,9700
Magnésie	0,1850
Potasse	0,3451

Assolement

Le plus communément employé est l'assolement triennal ordinaire, avec hors-sole de fourrage :

1re sole : plante sarclée (betterave, pomme de terre, chicorée, rutabaga, lin, etc.).
2e sole : céréale (blé).
3e sole : céréale (avoine, seigle, orge).
Hors-sole : fourrage (trèfle violet, vesce, pois, luzerne, minette).

L'alternance des cultures est en général bien respectée, mais cet assolement est très industriel et épuisant pour le sol, auquel il faut fournir, sous peine de l'appauvrir rapidement, une quantité d'engrais très considérable, en rapport toutefois avec le déficit de restitution, qui est, il faut le dire, souvent élevé.

Dans les Moëres, cependant, on rencontre un assolement différent, ainsi constitué :

1re sole : plante sarclée (betterave, lin, pomme de terre).
2e sole : céréale (blé, orge).
3e sole : avoine ou trèfle violet.
4e sole : céréale (blé).

Dans cette rotation, l'alternat est bien suivi :

1re sole : plante pivotante et nettoyante.

2e sole : plante à racines fibreuses, salissantes et épuisantes.

3e sole : plante pivotante, étouffante, améliorante.

4e sole : plante à racines fibreuses, épuisantes et salissantes.

On pourrait objecter que la moitié de la troisième sole ne reçoit pas de trèfle violet, mais une avoine, plante salissante ; il faut cependant remarquer que les Moëres forment une région de petite culture, où les agriculteurs ont le temps et la main-d'œuvre voulus pour entretenir leur terre dans un très grand état de propreté.

Cet assolement paraît aussi ne pas se suffire, les prairies n'étant pas en rapport avec les exigences des plantes épuisantes. La règle générale veut, en effet, que les 2/5 de l'étendue soient cultivés en prairies artificielles et ici la proportion est à peine de 1/8. Toutefois, les Moëres comprennent de nombreuses prairies naturelles, suffisant à nourrir les animaux, qui, rentrés à l'étable pendant les mois d'hiver, produisent malgré tout le fumier nécessaire.

Plantes sarclées

BETTERAVES

Dans le Calaisis surtout, à cause de deux grandes sucreries de Pont-d'Ardres et de Sainte-Marie, la betterave sucrière est très en honneur. Les principales variétés employées sont la *Klein-Wanzleben*, la *Vilmorin* et la *Desprez* ; les sélections au sujet de cette racine sont très étudiées depuis la guerre et les grandes maisons françaises de graines de semence ont fait de gros efforts à cet égard. Venant en tête d'assolement, la betterave sucrière reçoit une fumure complète ; celle-ci est en général constituée par 50 à 60.000 kgs de bon fumier de ferme, pouvant être remplacé, sur une partie de la sole, par différents engrais organiques, tels que tourteaux, guano de poisson, suints et déchets de laine, etc., à raison de 1.000 à 1.500 kgs à l'hectare. Dans les Moëres surtout, où les betteraves viennent ordinairement après un blé, la dose d'engrais organiques est plutôt inférieure à celle précédemment indiquée (40 tonnes de fumier). Lors des travaux de printemps, les engrais minéraux sont épandus à la dose moyenne de 500 à 600 kgs de superphosphate et 400 kgs de nitrate ; les superphosphates sont en général distribués en deux ou trois fois, au moment des semis, à la levée et aux binages. Dans les Moëres, la dose employée est moins forte et en moyenne de 400 kgs de super- phosphate et 150 à 200 kgs de nitrate. Les façons culturales sont les mêmes que partout ailleurs : labour profond en hiver, destiné à enfouir le fumier, et travaux légers de printemps. Le semis a lieu en général, suivant l'état de la saison, au début de mai, à raison de 15 à 20 kgs de graines à l'hectare ; mais il faut se garder de semer trop tôt, la betterave montant alors facilement en graine. Les binages, démariage et arrachage sont faits à la main par des ouvriers belges. Le rendement moyen est de 30 à 32.000 kgs à l'hectare.

Les betteraves de distillerie et les betteraves fourragères sont également cultivées pour suppléer aux pulpes pour la nourriture des animaux. Les variétés les plus employées sont la *Blanche à collet vert*, la *Rose demi-sucrière* et la *Pont-de-Pierre*, variété de la race du *Brabant à collet vert*.

Leur culture est en tous points semblable à celle des sucrières. Les rendements sont toutefois supérieurs et atteignent facilement 40.000 kgs à l'hectare.

POMMES DE TERRE

Comme dans les autres régions de France, la pomme de terre tend de plus en plus à occuper une place secondaire dans la culture ; les féculeries étant pour ainsi dire inconnues dans la région, chaque ferme, selon son importance, cultive quelques hectares de pommes de terre, uniquement pour la nourriture du personnel. Les variétés le plus communément employées sont l'*Industrie*, la *Jaune d'Or* et la *Géante bleue*.

Venant sur la même sole que les betteraves, elles reçoivent à peu près la même quantité d'engrais. Sur un terrain, préparé comme pour les betteraves, on plante au milieu d'avril. Les grandes exploitations étant très rares dans la région, les planteuses de tubercules et les arracheuses, tant de betteraves que de pommes de terre, sont presque inconnues. La plantation s'effectue généralement à l'aide d'une butteuse ; dans la raie, les tubercules sont placés à 0ᵐ06 ou 0ᵐ07 de profondeur, tous les 0ᵐ55 ; les raies sont distantes de 0ᵐ60 environ ; on recouvre ensuite avec une houe.

Il faut environ 1.200 à 1.500 kgs de tubercules à l'hectare. Le plus souvent, quelque temps après, lorsque le tubercule est suffisamment enraciné, un hersage est nécessaire.

Quand les tiges sortent de terre et que les lignes sont bien visibles, on bine pour nettoyer et aérer le sol. Enfin, quand les jeunes plantes atteignent 0ᵐ25, on butte avec le binot.

La récolte a lieu généralement à la fin du mois de septembre ; les rendements moyens sont de 18 à 22.000 kgs à l'hectare.

CHICORÉE

Cette culture, d'un excellent rapport, ne se rencontre qu'au voisinage de la mer, derrière les dunes, dans les terrains sablonneux, où elle se plaît admirablement. Sa production dans cette région tend à s'accroître du reste de plus en plus ; nous avons été à même de l'étudier tout particulièrement chez M. Dussaussoy, dont les terres, tout à fait propices à ce genre de culture, lui permettent d'en semer une quinzaine d'hectares tous les ans.

Cette plante occupe en général la première place dans l'assolement ; parfois cependant on la cultive après une récolte de pommes de terre. Les variétés les plus employées sont la *Chicorée de Brunswick* et la *Chicorée de Magdebourg*.

La fumure se compose de 50.000 kgs de fumier de ferme, auxquels on ajoute parfois 500 kgs de tourteaux ; puis, en deux fois, comme pour les betteraves, 500 kgs de nitrate ; le superphosphate est employé à la même dose.

La chicorée est semée en général tout de suite après les betteraves, car, encore plus que pour ces dernières, la montée en graine est à craindre. On sème environ 5 kgs de graines à l'hectare. Après la levée, il faut effectuer de nombreux binages. L'arrachage commence vers le milieu d'octobre ; les racines, étant plus faibles que celles des betteraves, se cassent encore plus facilement et ce travail, dans les années de sécheresse, est assez délicat. Il s'effectue soit à la main, soit à l'aide d'une charrue spéciale. Le rendement moyen est de 25 à 30.000 kgs à l'hectare. Cette plante, réclamant énormément de main-d'œuvre, serait vouée à disparaître, si la Belgique ne fournissait tous les ans un nombreux contingent de bons ouvriers connaissant à fond leur métier. Les Polonais, qui tendent depuis quelques années à les remplacer, paraissent s'adapter fort bien à ce genre de culture.

Outre d'importantes chicorateries, on rencontre surtout entre Calais et Dunkerque de nombreuses petites sécheries appartenant à des cultivateurs qui emploient, comme M. Dussaussoy, par exemple, les mêmes équipes belges ayant déjà effectué tous les travaux culturaux.

LIN

Très cultivé jadis, le lin tendait de plus en plus à disparaître dans la région ; depuis 1914, les cours ayant été très élevés, les agriculteurs s'étaient mis à le cultiver de nouveau avec ardeur ; mais la difficulté de main-d'œuvre, et surtout les grandes fluctuations des cours de cette plante textile, ainsi que les nombreuses maladies auxquelles elle est sujette, ont rendu les cultivateurs méfiants, et depuis quelques années ils n'en cultivent plus que de faibles étendues.

Le lin ne vient jamais en tête d'assolement, car une fumure directe provoquerait immanquablement la verse et compromettrait gravement la qualité de la filasse ; il vient sur défriche, le plus souvent après une céréale, très rarement après une plante sarclée.

A l'heure actuelle, on emploie surtout le *Lin de Riga* ou le *Lin d'après tonne* (nom donné à la graine de première ou deuxième génération récoltée sur du lin de Riga). La fumure moyenne est de 400 kgs de superphosphate et 200 kgs de chlorure de potassium, auxquels viennent s'ajouter 150 kgs de nitrate, semé moitié avant, moitié trois semaines après le semis. Alors que les engrais azotés ne donnent qu'une filasse grossière et occasionnent souvent la verse, les engrais phosphatés et potassiques, au contraire, procurent une filasse d'excellente qualité.

Le semis a lieu dès que les gelées ne sont plus à craindre et que le sol renferme encore une certaine quantité d'humidité, généralement vers la fin de mars. Vu le peu d'étendue de cette culture, les agriculteurs hésitent devant les frais d'un semoir spécial et sèment à la main. Suivant que l'on aura à faire à du lin de tonne ou à du lin de Riga, la quantité de graine semée à l'hectare sera de 200 à 300 kgs. Un hersage suivi d'un roulage suffiront à enterrer la graine. La levée a lieu une douzaine de jours plus tard.

Dès que les jeunes plantes atteignent 0^m04 à 0^m06,

on fait un premier sarclage, suivi généralement de plusieurs autres, jusqu'à obtention d'une terre aussi propre que possible.

La récolte a lieu en juillet, après la disparition des fleurs ; en général, une fois arraché, le lin reste vingt-quatre heures sur le sol et est retourné plusieurs fois. Ensuite, on l'assemble par petites javelles placées tête à tête, la base bien écartée, formant des chaînes. Il faut avoir soin également de ne pas faire de trop gros tas, pour que le vent les sèche plus rapidement.

Les rendements moyens sont de 4 à 5.000 kgs de tiges et 350 kgs de graines à l'hectare.

RUTABAGA

Peu cultivé dans le département du Nord, le rutabaga est plus en honneur dans le Pas-de-Calais. Il vient en première sole et on lui réserve généralement les terrains les plus pauvres.

La fumure se compose de 45 à 50.000 kgs de fumier de ferme, auquel on ajoute parfois 300 à 500 kgs de tourteaux, 300 kgs de superphosphates et 100 kgs de nitrate.

Les façons culturales sont les mêmes que pour les betteraves. Le rendement moyen est de 40.000 kgs à l'hectare.

Céréales

BLÉ

Cette céréale occupe une large place dans la culture de la région ; elle vient le plus souvent après une plante sarclée ou sur défriches de fourrages verts ;

dans les Moëres, cependant, elle vient quelquefois après une avoine. On cultive surtout les blés d'hiver ; les principales variétés employées sont le *Blé des Alliés,* l'*Hybride Inversable*, le *Double Stand-up*, le *Teverson,* le *Japhet* et le *Trésor,* auxquels il convient d'ajouter deux blés indigènes, le blé *Blanc de Bergues* et le blé *Roux de Bourbourg.*

Pour les blés venant après plante sarclée, on met peu ou pas d'engrais ; les blés de défriche reçoivent 400 à 500 kgs de superphosphate et 100 à 200 kgs de chlorure de potassium. On n'applique aucun engrais azoté, les fourrages, constitués le plus souvent par du trèfle violet, en ayant laissé dans le sol une quantité abondante. Enfin le blé venant après avoine reçoit une bonne fumure constituée par 800 à 1.000 kgs de tourteaux, 150 kgs de sulfate d'ammoniaque et la même dose d'engrais phosphatés et potassiques que pour les blés de défriche. Les façons culturales préparatoires au semis sont excessivement simples pour les blés de betteraves. Un simple hersage sur la terre débarrassée des racines sera suffisant ; parfois, cependant, on effectue un labour moyen de 15 à 18 centimètres, qui a pour but d'enfouir les fanes. Pour les blés venant sur défriche, on fait un labour profond en automne, puis différents travaux légers, suivant la nature et l'état du sol, destinés à l'aplanir et à le tasser, le blé n'aimant pas les terres creuses.

Enfin, pour le blé sur avoine, après un déchaumage, on fait un labour moyen suivi de travaux légers.

Le semis commence dans les derniers jours d'octobre; les graines sont en général très pures, la majorité de la récolte étant achetée par les moulins de Dunkerque et de Bourbourg qui, traitant beaucoup de blés, préfèrent des semences pures pour faire eux-mêmes le mélange ; une notable différence de prix existe entre les variétés pures et les variétés mélangées.

Presque tous les blés sont semés au semoir, soit en lignes, distantes d'une vingtaine de centimètres, soit à la volée. La quantité de semence à l'hectare varie de 200 à 250 kgs, suivant la méthode employée.

Pour éviter les maladies cryptogamiques, toutes les graines de semence sont sulfatées. Après les fortes gelées, il est bon de rouler le sol pour éviter le déchaussement ; un ou plusieurs hersages sont aussi effectués au début du printemps. Pour faciliter la levée, on épand souvent du nitrate, à la dose moyenne de 250 kgs à l'hectare ; cet engrais produit un coup de fouet qui est toujours bienfaisant. L'échardonnage a lieu vers le début du mois de mai, quand le blé a atteint 20 centimètres environ de hauteur.

La moisson commence dans les derniers jours de juillet, suivant l'état de la saison. Le détourage des pièces se fait à la main, le reste est coupé à la lieuse ; les bottes sont mises en tas de douze gerbes. On rentre dès que le blé est sec.

Le rendement moyen a été, en 1926, d'une vingtaine de quintaux ; dans les bonnes années, il monte à 30 et 35 quintaux.

AVOINE

Elle vient presque toujours après blé, rarement sur défriche. A cause des rigueurs de l'hiver, on cultive surtout l'avoine de printemps. Parmi les principales variétés, il convient de citer : la *Pluie d'Or*, la *Ligowo blanche*, la *Noire de Brie*, la *Victoire* et la *Jaune des Flandres*.

C. B.

La fumure des avoines après blé est en général de 600 kgs de superphosphate, auxquels viennent s'ajouter soit 200 kgs de sulfate d'ammoniaque, soit 150 kgs de nitrate au moment de la levée. Sur les avoines de défriche, on se contente de 300 à 400 kgs de superphosphate.

Pour les .avoines sur blé, après un déchaumage, on procède à un fort nettoyage du sol ; parfois, au début de janvier, on effectue un labour moyen, suivi de croskillage et de hersage pour mêler le sol en vue du semis.

Pour les avoines de défriche, on effectue les mêmes travaux que pour les blés. Le semis a lieu généralement dans les premiers jours de mars ; on emploie environ 100 à 150 kgs de graine à l'hectare. Un léger hersage suivi d'un roulage suffisent à enterrer la semence. Pour lutter contre les sanves, les pulvérisations de sulfate de cuivre étendu se répandent de plus en plus.

Au moment de la levée, on nettoie le sol par un léger hersage, comme pour le blé. La récolte se fait aussi dans les mêmes conditions. En 1924, le rendement moyen a été de 40 quintaux environ.

ORGE

Cette céréale est relativement en honneur dans la région, où elle réussit fort bien. Elle se cultive soit après un blé, soit après une plante sarclée, et parfois sur défriche. Les variétés les plus répandues sont l'*Orge Chevalier* pour la brasserie et l'*Escourgeon d'hiver*. Pour l'orge Chevalier, le semis a lieu dans la deuxième quinzaine d'avril, généralement au semoir en ligne ; la quantité de **graine** employée est d'environ 250 litres à l'hectare. Pour l'escourgeon, le semis est effectué au début de l'hiver, après un labour d'une vingtaine de centimètres, suivi de hersages et de roulages.

La fumure se compose de 300 kgs de superphosphate et 100 kgs de chlorure de potassium ou 100 kgs de nitrate en couverture.

Les soins de végétation sont les mêmes que pour les deux céréales déjà étudiées. La moisson se fait habituellement vers le 15 août. Le rendement moyen est de 25 à 30 quintaux de grain et 45 à 50 quintaux de paille. Le grain trouve un débouché facile dans les nombreuses brasseries de toute la plaine du Nord ; la paille est employée la plupart du temps comme litière.

SEIGLE

Peu cultivé dans les environs de Calais, il tend de plus en plus à disparaître. Généralement, il vient sur la même sole que l'avoine, après blé ; on lui réserve toujours les terres les moins riches. La variété la plus répandue est le *Seigle commun*, à grains longs et pointus. Les façons culturales et la fumure sont les mêmes que pour l'avoine. Le semis a lieu dans les premiers jours d'octobre, au semoir en ligne ou à la volée. On emploie environ 150 litres de graines à l'hectare. Les travaux de printemps sont les mêmes que pour l'avoine. On coupe le seigle dans la deuxième quinzaine de juillet et le rendement habituel est de 20 quintaux de grain et 90 quintaux de paille. La paille est souvent utilisée pour faire des liens.

Fourrages

TRÈFLE VIOLET

La culture du trèfle violet est très répandue dans toute la région, où les terres argilo-siliceuses et le climat relativement doux et humide lui conviennent à merveille. Le plus souvent, on le sème dans une avoine de printemps, rarement dans un blé d'automne ; dans les Moëres, il est semé dans l'orge.

Il ne reçoit généralement aucun engrais, puisant sa nourriture dans les profondeurs du sol et bénéficiant de la fumure de la plante sarclée et de la céréale qui l'ont précédé ; cependant, dans les Moëres, on applique parfois une couverture de 100 à 150 kgs de chlorure de potassium à la fin de l'hiver. La quantité de graine est d'environ 20 kgs à l'hectare ; on la sème parfois avec de la luzerne ou avec du sainfoin. On l'utilise en vert, mais le plus souvent en sec.

La première coupe a lieu au début de juin et la seconde dans les derniers jours d'août. Le rendement pour les deux coupes est en année normale de 6.000 kgs environ à l'hectare. Parfois, on fait pâturer le trèfle par les vaches laitières. Le regain est enfoui de bonne heure, comme sidération pour la fumure de la sole suivante, qui est soit du blé, soit une plante sarclée.

POIS

Le pois faisait l'objet d'une culture très limitée, comme fourrage, jusqu'à ces dernières années ; mais la création de plusieurs usines de conserves lui a donné une vogue jusqu'alors inconnue. Peu exigeant sur la nature du terrain, il prend sa nourriture très profondément et épuise rapidement le sol ; aussi ne peut-il revenir sur la même place que tous les huit ou dix ans. Les variétés à employer sont le plus souvent imposées par l'usine.

Le pois ne vient jamais en tête de fumure, mais après un blé. Il reçoit 500 kgs de superphosphate et 300 kgs de chlorure de potassium.

La préparation du sol consiste en un déchaumage, un labour profond et différents travaux légers analogues à ceux réclamés par les betteraves. Le semis s'effectue avec un semoir en ligne, à la dose de 2 à 3 hectolitres à l'hectare, dans le courant de mars. Un ou deux binages à la machine sont nécessaires après la levée. La récolte a lieu vers la fin de juillet, avant maturité ; au·fur et à mesure de l'arrachage, période fixée du reste par l'usine, les pois sont envoyés aux fabriques de conserves.

FÉVEROLES

Cette légumineuse convient aussi fort bien à la nature du sol des wateringues ; elle vient toujours après une céréale. Les façons culturales préparatoires sont assez nombreuses : déchaumage, labour profond et de nombreux hersages et roulages.

La fumure moyenne qu'elle réclame est d'environ 500 kgs de superphosphate et 150 à 200 kgs de chlorure de potassium. Le semis a lieu en lignes espacées de 0^m35 environ, à la même dose que pour les pois, et se pratique en février-mars. La graine est enterrée par un hersage suivi d'un roulage. Plusieurs binages à la houe sont nécessaires au moment de la levée, pour débarrasser le sol de toutes les mauvaises herbes ; en effet, dès que les jeunes plantes ont atteint une certaine hauteur, on ne peut plus, sous peine de les briser, faire passer un instrument dans le champ. La récolte s'effectue quand les gousses inférieures ont pris une teinte noirâtre. Les rendements sont très variables, la chaleur et l'humidité les influençant fortement ; en moyenne, on peut les estimer à 25 quintaux de grain et 45 quintaux de paille ; le grain sert de nourriture pour les moutons, chevaux et vaches laitières ; la paille peut être utilisée comme litière.

La luzerne, la vesce et le sainfoin sont cultivés aussi, mais sur une faible étendue.

Prairies

Les prairies naturelles occupent une place très importante dans la région ; en général, elles sont placées soit sur des terrains encore trop humides pour être livrés à la culture, mais où de nombreuses rigoles assurent l'évacuation rapide des eaux, soit même sur des terres cultivables.

Bien que la majorité des prairies soit en pâturage, une faible partie est constituée par des prés de fauche. Menacés sans cesse par l'envahissement des eaux, les cultivateurs prennent grand soin de leurs herbages. La fertilisation est en général assurée par un arrosage de purin assez abondant, auquel viennent s'ajouter tous les ans 400 kgs de scories et 250 kgs de sulfate de potassium, par exemple, ou, tous les deux ans, 700 kgs de scories, 300 kgs de sylvinite et souvent 300 à 400 kgs de sulfate de fer, mélangé au purin pour détruire la mousse, abondante surtout dans les Moëres. On peut employer en outre 150 kgs de sulfate d'ammoniaque.

Les pâturages sont l'objet de travaux d'entretien assez nombreux. Les plantes nuisibles, surtout les joncs, sont enlevées avec soin ; de plus, chaque année, on les herse soigneusement, et parfois même les cultivateurs font épandre les taupinières et les déjections des animaux.

Les prairies sont fauchées dans la deuxième quinzaine de juin ; le foin est mis en meule et rentré ensuite à la ferme.

Le rendement moyen est de 4 à 5.000 kgs de foin à l'hectare. Souvent, en août-septembre, lorsque l'herbe a repoussé, on la fait consommer par les vaches laitières ; parfois même, surtout dans les Moëres, les prairies sont pâturées jusqu'à la fin de l'hiver.

Production animale

ESPÈCE CHEVALINE

Vu la notable proportion d'herbages existant dans toutes les fermes des wateringues et des Moëres, on comprend facilement que la cavalerie des exploitations soit en grande partie et souvent uniquement représentée par des juments poulinières : la nature du terrain, peu accidenté et léger, permet de faire travailler les juments en gestation sans courir de gros dangers, et l'humidité du climat assure toujours une nourriture herbacée très suffisante.

Après avoir passé rapidement en revue les différentes races employées, nous étudierons les conditions de l'élevage des poulains dans les fermes.

La race boulonnaise domine de beaucoup toutes les autres. On rencontre aussi, aux environs de Bourbourg, une sorte de brabançon, appelé *cheval de Bourbourg*. Le puissant cheval flamand a presque complètement disparu à l'heure actuelle.

La prédominance du boulonnais dans cette région s'explique aisément par la proximité des centres d'élevage de cette race ; c'est d'ailleurs le cheval convenant le mieux aux cultures de la région. Relativement léger, assez rapide dans ses allures, les terres meubles des wateringues lui conviennent parfaitement ; les charrois sur terrains plats ne le fatiguent pas et ses larges sabots lui assurent la fixité nécessaire dans les sols humides.

Les principales caractéristiques du cheval boulonnais sont, en résumé : tête assez courte avec un front large et plat ; œil vif, chanfrein court et droit, avec l'extrémité du nez arrondie ; oreilles petites et bien espacées ; ganaches épaisses ; encolure épaisse et rouée à l'extrémité supérieure, au niveau de l'insertion de la tête, toujours bien portée ; crinière courte, très abondante ; poitrine descendue, large et profonde ; garrot épais, ligne dorso-lombaire horizontale, légèrement inclinée à l'avant ; épaules bien sorties, larges et obliques, expliquant la rapidité de l'allure ; tronc cylindrique, rein court, croupe large, longue, musclée et souvent double, ce qui fait paraître le dos légèrement ensellé ; aplombs réguliers (l'animal est parfois un peu sous lui du devant) ; membres forts et musclés, articulations larges, pieds larges et souvent plats ; peau douce et fine, poils soyeux et courts.

L'engouement, fort discutable du reste à notre point de vue, pour les chevaux lourds et forts a influencé depuis plusieurs années les caractéristiques du boulonnais, et à l'heure actuelle nous pouvons en discerner deux types : le gros et le petit, que l'on rencontre dans les fermes des wateringues.

Le gros boulonnais, de haute taille, peut atteindre un poids de 900 kgs ; sa tête est plus commune, l'œil est moins vif que chez le petit boulonnais ; son ossature plus spongieuse est exposée aux tares, son poitrail et sa croupe sont disproportionnés ; d'allure encore assez souple et gracieuse, il semble avoir perdu toute la vivacité que lui avaient donnée ses origines arabes.

Le petit boulonnais, beaucoup plus répandu, est tout à fait conforme au type décrit plus haut. A notre avis, il est d'un emploi bien préférable à l'autre, car, si le gros boulonnais est capable par son poids d'enlever de lourdes charges, ce qui ne se présente pas fréquemment dans le travail ordinaire, le déplacement de sa propre masse épuise vite ses forces ; le petit boulonnais, au contraire, par sa nervosité, est capable, lui aussi, d'un vigoureux coup de collier et, plus léger, convient beaucoup mieux aux travaux ordinaires.

Le cheval de Bourbourg utilisé, comme nous l'avons dit, dans un périmètre assez limité, est en somme le cheval brabançon ; il se caractérise par une stature puissante et des formes massives ; sa taille atteint souvent 1^{m}70 et son poids est considérable. Tête expressive et bien modelée, plutôt petite par rapport à la masse de son corps ; ganaches assez développées et pleines ; encolure courte, rouée et massive ; garrot épais et charnu, prolongeant le cou sans aucune interruption ; poitrine profonde et arrondie ; dos et reins couverts et larges ; flanc bien formé ; croupe massive et double, faisant paraître le dos ensellé ; cuisses et épaules larges et musclées, membres trapus, articulations larges, paturons courts, souples, avec peu de fanons ; sabots larges, d'une corne très dure, mais manquant parfois un peu de talon au bipède antérieur.

Cette race est exempte de tout sang étranger et constitue une des plus vieilles races indigènes. Du reste, en parlant du cheval de Bourbourg, J. Viseur écrit : « C'est en somme un cheval brabançon, un métis d'ardennais et de flamand, dont l'ensemble dénonce souvent la double origine. Le cheval est parfois croisé avec la jument calaisienne, un peu svelte et longue, haute sur membres, mais portant beau ; le produit est plus distingué que le père, plus gros, plus raccourci que la mère, mais ne réalise pas toujours la fusion parfaite, car avec l'âge ou l'amaigrissement, les caractères distinctifs de chaque race tendent à reparaître et l'œil exercé ne s'y trompe pas. »

Le cheval de Bourbourg, bien que doué d'excellentes qualités, est trop lourd pour être d'un emploi pratique dans les wateringues.

Le cheval flamand mérite d'être signalé ; c'est avec lui, en effet, que les premières cultures et tous les travaux des wateringues furent effectués. Par de nombreux croisements avec le boulonnais, on a réussi à l'améliorer considérablement et on en rencontre quelques types dans la plaine de Dunkerque. De haute taille, dépassant souvent 1^{m}70, il était massif à l'excès, et s'il n'avait pas son pareil pour enlever de lourdes charges dans les sols boueux, il était, par contre, inapte à la culture. Du reste, pour les charrois, on tend de plus en plus à utiliser le *Trait du Nord,* répandu dans toute la Belgique et une grande partie des Flandres françaises.

Pour faire couvrir les juments, les agriculteurs s'adressent soit aux étalons nationaux des stations

(Bergues, Bourbourg, Languenesse, par exemple), soit aux étalons, souvent de grande valeur, des syndicats d'élevage régionaux, soit à des étalons particuliers. Les saillies ont lieu au printemps ; on fait travailler les poulinières le plus tard possible, en évitant toutefois de les fatiguer au moment de la parturition ; à cette époque, la jument est mise en liberté dans un box que l'on a eu soin de nettoyer, et dont le sol est recouvert d'une litière abondante et propre. Pendant les deux ou trois premières semaines, le poulain reste avec sa mère et l'on surveille les tétées ; on donne des barbotages à la jument, trois ou quatre fois par jour. Au bout de ce temps, on recommence à la faire travailler progressivement et deux bons mois après la mise bas, elle a repris son travail normal. Les poulains, mis à l'herbage, passent la nuit dehors avec leur mère et rentrent ensuite à l'écurie. A un mois, le jeune animal commence à manger un peu d'avoine et s'essaie à brouter ; le nombre des tétées diminue en proportion ; le sevrage est terminé vers le cinquième mois. La nourriture du poulain se compose de barbotages et de quelques litres d'avoine. Il est alors mis à l'herbage définitivement, jusqu'en hiver où il est rentré à la ferme. Suivant l'étendue de prairies dont on dispose, les poulains sont vendus soit à six mois aux herbagers de la région, soit à dix-huit mois, pour être dressés, soit à deux ou trois ans, tout dressés. Les mâles sont castrés, sauf les plus beaux, qui sont gardés comme reproducteurs. Pour remonter leur cavalerie, les cultivateurs gardent souvent une ou deux pouliches parmi les plus jolies. Généralement, les juments sont vendues vers l'âge de huit à dix ans, sauf les très bonnes poulinières, que l'on garde le plus longtemps possible.

Le cheval est le seul animal moteur des wateringues, l'emploi des bœufs étant inconnu.

ESPÈCE BOVINE

A part quelques rares exceptions, constituées surtout par la hollandaise pie-rouge, l'espèce bovine est représentée dans toutes les wateringues par la vache flamande. La raison en est du reste fort simple : si certaines races, telles que la hollandaise, la normande et la flamande, par exemple, ont pu s'acclimater et donner de bons résultats dans des régions différentes et loin de leur pays d'origine, jamais elles n'ont aussi bien prospéré que dans la région où elles ont été créées. Il est donc naturel que si la flamande, à cause de ses nombreuses qualités, se trouve répandue un peu partout dans le Nord et le Centre Nord de la France, les cultivateurs des wateringues, c'est-à-dire de la Flandre maritime, élèvent de préférence les vaches de cette race, parfaitement conformes à l'emploi qu'ils veulent en faire.

Voici la définition de la race flamande, d'après son Herd-Book : « Chanfrein droit. Front large, avec des cornes bien proportionnées, légèrement aplaties à la naissance, d'un blanc nacré à la base et d'un noir d'ébène aux extrémités ; ces cornes s'écartent d'abord horizontalement et le plus souvent chez la femelle se contournent en arc de cercle en avant. Les oreilles sont petites et très mobiles, les yeux noirs ; chez le taureau, les joues se resserrent au-dessus de la crête zygomatique pour se terminer par des naseaux bien ouverts et un mufle dont le miroir est noir. Chez la vache, la tête est plus longue, plus étroite et ne présente pas ce resserrement aussi subit du chanfrein. Le chignon, composé de poils plus longs que ceux du corps, est peu garni et le poil en est souvent de couleur plus claire. La couleur de la tête est souvent plus foncée que celle du corps ; la queue se termine par un toupillon noir, quelquefois gris, mais où le noir doit dominer. Il en est de même du fourreau. La peau des paupières, du larmier, du périnée, de l'anus et des bourses possède une couleur plus foncée, lustrée ; la corne des ongles est noire et l'on doit considérer comme signe de race la présence de poils plus foncés, presque noirs, autour de la couronne. La coloration noire du mufle, de la langue et du pourtour des yeux, avec la corne frontale nacrée se terminant par un noir de jais, caractérise spécialement le type flamand. Toute coloration plus pâle ou toute marbrure au mufle indiquent un mélange de sang étranger. »

Quant au pelage proprement dit, il peut varier du rouge au brun acajou ou marron, sans aller à la couleur vineuse. La robe du taureau est toujours plus foncée que celle de la femelle ; quelques petites marques de blanc moucheté peuvent exister aux ars, au ventre et aux pis. Bien que la présence de ces taches soit souvent considérée comme signe de race, les meilleurs sujets n'en possèdent souvent pas. Les bêtes flamandes très améliorées tendront de plus en plus à devenir uniformément rouges.

La taille varie entre 1ᵐ30 et 1ᵐ45 ; cou mince, avec un petit fanon, garrot assez large et légèrement proéminent, ligne du dos droite, hanches écartées, poitrine assez large, côtes arrondies, ventre assez volumineux, cuisses fortes et bien descendues ; très forte aptitude laitière, écusson flandrin, large à la base ; cuir de peu d'épaisseur, souple, non adhérent aux tissus sous-jacents aux points de maniement.

Au point de vue laitier, la flamande tient le juste milieu entre la hollandaise et la normande, donnant plus de lait que cette dernière et une proportion de matière grasse plus élevée que la hollandaise. Le rendement annuel oscille entre 3.500 et 3.800 litres de lait, pouvant atteindre 4.000 litres chez les sujets de choix. La proportion de matières grasses est de 4,22 %, et celle de caséine de 3,28 %.

Très bonne laitière, la vache flamande est aussi remarquable par sa précocité et sa facilité à produire la graisse ; elle est cependant moins apte à la boucherie que la normande ; sa chair, de saveur assez fade, est en général peu estimée. Le poids moyen de la flamande adulte est de 500 à 550 kgs ; engraissée, elle gagne une centaine de kilos en poids vif ; le rendement de viande net ne dépasse guère 50 %.

Parmi les flamandes, on rencontre plusieurs variétés, parfaitement conformes au type du Herd-Book, et dont les trois principales sont la casselloise, la picarde et la berguenarde : c'est surtout cette dernière que l'on rencontre dans les wateringues et les Moëres françaises.

Les fermes voisines des agglomérations portent le lait chaque jour à la ville ; mais les exploitations plus éloignées, après avoir gardé la quantité de lait nécessaire aux besoins de la ferme, transforment le reste en beurre, que l'on vend à la ville. Le petit lait est ensuite distribué aux porcs. Dans les Moëres surtout, on fait avec le petit lait un fromage dit *fromage de Bergues ;* voici son mode de fabrication :

Au sortir de l'écrémeuse, on ajoute 1/10.000ᵉ de

présure, pour obtenir la coagulation ; celle-ci est achevée en 40 minutes environ. On sépare alors le sérum du caillé, et on place celui-ci dans des moules en bois ou en fer-blanc percés de trous. Ceux-ci sont entourés d'une serviette assez fine, et on presse en chargeant d'un poids le couvercle de l'instrument, pour extraire le sérum restant ; au bout d'une douzaine d'heures, on retire du moule un fromage blanc, que l'on sale pendant deux ou trois jours. Descendus ensuite dans une cave spéciale, les fromages sont disposés sur des rayons, retournés trois ou quatre fois par semaine et lavés avec une sorte de bière. Au bout de trois mois environ, la maturation est achevée.

Les saillies sont échelonnées de manière à obtenir du lait toute l'année ; toutefois, on cherche à intensifier la production laitière pendant l'hiver, époque où le lait se vend le mieux.

Les veaux femelles, à moins d'une mauvaise conformation, sont gardés et élevés à la ferme pour régénérer le troupeau ; les veaux mâles sont le plus souvent vendus à neuf ou dix jours, ou engraissés et vendus comme veaux blancs. Quelques éleveurs, qui se livrent à l'embouche, gardent les veaux plus longtemps.

Pendant les trois premières semaines, le veau est nourri au lait pur ; au bout de ce temps, on coupe le lait pur par du lait écrémé, pour ne plus donner enfin que du lait écrémé, que l'on additionne de 50 à 60 grammes de fécule par litre.

Voici du reste, d'après Curot, les analyses comparatives de lait pur, lait écrémé et différents laits corrigés :

PRINCIPES IMMÉDIATS	LAIT pur	LAIT écrémé	LAITS ÉCRÉMÉS CORRIGÉS				
			I Farine de lin 15 gr.	II Farine de riz 3o à 4o gr.	III Margarine 3o gr.	IV Farine de viande 5o gr.	V Fécule 5o gr.
Protéine.................	40 gr.	40 gr.	43 gr.	44 gr.	46 gr.	74 gr.	40 gr.
Matières grasses	36 gr.	3 gr.	8 gr.	7 gr.	21 gr.	11 gr.	3 gr.
Matières hydrocarbonées..	48 gr.	39 gr.	42 gr.	60 gr.	39 gr.	41 gr.	89 gr.

Une partie des matières hydrocarbonées pouvant remplacer les matières grasses, lorsque celles-ci font défaut, la fécule mélangée au lait écrémé en proportion convenable procure donc au jeune animal sensiblement la même nourriture que lui aurait fourni le lait pur.

Le régime de transition dure un mois environ ; le veau est alors mis à la pâture, où il commence à brouter quelques jeunes pousses d'herbes. Petit à petit, on l'habitue à prendre des barbotages, et le sevrage est définitif. On lui donne alors du foin, des betteraves et un peu d'avoine concassée ; certains éleveurs nourrissent plus longtemps au lait pur. Généralement, les jeunes bêtes sont rentrées à l'étable pendant l'hiver. Les génisses sont saillies au vingtième mois.

La race hollandaise, rencontrée dans quelques étables, est, nous l'avons déjà dit, surtout représentée par la pie-rouge.

C'est une vache rustique, convenant bien au climat et au sol de la région. Son rendement en lait est plus élevé que celui de la flamande et atteint 5.000 litres, mais il est moins riche. Sa viande est de moyenne qualité.

C'est une bête trapue et large, avec la tête forte, le mufle plus large que la partie sous-nasale ; les cornes sont plus longues et plus épaisses que chez la pie-noire ; la croupe est ample et les cuisses plates ; la base de la queue est très effacée ; la peau et le squelette sont moins forts que chez la pie-noire. La robe varie du rouge au brun chaudronné.

Dans les grandes exploitations herbagères, les agriculteurs se livrent volontiers à l'embouche. Au début du printemps, ils vont eux-mêmes acheter ou font venir

par des commissionnaires des bedons de trois ans
environ, de Normandie ou du Centre. Ces animaux,
laissés en pâture jusqu'aux derniers jours d'octobre,
sont vendus de suite, les autres achèvent leur engraissement et sont livrés à la boucherie dès qu'ils atteignent
un poids suffisant. Peu de cultivateurs pratiquent
uniquement l'engraissement en stabulation, en achetant des bœufs maigres ou demi-gras à l'entrée de
l'hiver ; cette spéculation, moins rémunératrice que la
précédente, permet cependant d'obtenir une notable
quantité de fumier, si celui-ci est insuffisant.

ESPÈCE OVINE

Bien qu'ayant constitué la première richesse des
wateringues, les moutons ont, pour ainsi dire, complètement disparu de la région ; le manque de bergers et
les nombreuses maladies auxquelles les animaux sont
exposés dans ces contrées humides sont sans doute les
principales causes de cette disparition.

Ce rapide aperçu de la vie agricole actuelle des
wateringues montre à quel point le travail d'assainissement entrepris depuis des siècles a réalisé de progrès.
Si cette œuvre gigantesque n'est pas entièrement terminée, les résultats acquis sont suffisamment importants pour encourager les agriculteurs des wateringues
à persévérer dans leurs efforts.

Quatrième Partie

Amélioration de terrains marécageux
Remblaiements

CHAPITRE PREMIER

Terres de Betteraves

Après avoir montré comment des terrains maritimes furent conquis sur les flots, nous devons expliquer ce que l'homme a réussi à faire dans l'intérieur des terres, en remblayant certains terrains marécageux absolument impropres à la culture.

Nous n'avons pas cru pouvoir choisir de meilleur exemple que l'emploi des boues de sucrerie comme remblaiement de terrains tourbeux en partie envahis par les eaux pluviales.

Même par année sèche, et à plus forte raison dans les années humides, les betteraves arrachées sont toujours entourées d'une certaine quantité de terre, dont la proportion adhérente aux racines, par rapport au poids net de ces dernières, constitue la tare, s'élevant parfois à un chiffre élevé et pouvant atteindre jusqu'à 70 et 80 %. Une faible proportion de ces terres arrive jusqu'aux laveurs. Elles se détachent, en effet, des betteraves lors des chargements et des déchargements ; elles restent en abondance sur les quais d'embarquement, le long des chemins où se sont effectués les transports, dans le fond des bateaux, wagons et tombereaux qui ont servi à véhiculer les racines jusqu'à l'usine. Toutefois, au moment d'être jetées dans les caniveaux hydrauliques devant les conduire aux laveurs, les betteraves sont encore souillées par une quantité importante de terre provenant de champs fertiles, possédant encore toutes leurs qualités physiques et contenant même en bonne proportion les principes fertilisants destinés aux betteraves. Elles ont par contre l'inconvénient de conserver la vitalité des mauvaises graines et des insectes qui s'y trouvent mélangés.

Les sucreries importantes, qui traitent journellement de grandes quantités de betteraves, doivent, pour le lavage, employer des volumes d'eau considérables. Comme elles ont souvent de la peine à trouver de l'eau en quantité suffisante dans les nappes souterraines, elles cherchent à récupérer les eaux de lavage après leur décantation. Dans ce but, auprès de l'usine, sont généralement disposés de grands bacs que les eaux provenant des caniveaux hydrauliques traversent lentement, en laissant déposer les matières végétales qu'elles tiennent en suspension. Le nombre et les dimensions de ces bacs sont évidemment proportionnés à l'importance de l'usine ; ce sont souvent de simples mares creusées de quelques mètres dans le sol, et qu'un trop plein met en communication les unes avec les autres. Des talus faits avec la terre de ces marés permettent d'en aug menter la capacité.

L'été venu, l'eau restée dans les fosses s'évapore et celles-ci se trouvent remplies d'un dépôt possédant encore presque toutes les qualités de bonnes terres à betteraves. Cependant, beaucoup de cultivateurs les dédaignent ; certains prétendent, en effet, que ces boues ont perdu de leur valeur et que la transmission des maladies de la betterave, et en particulier du nématode, est à craindre lorsqu'on les utilise sur des terrains destinés à la culture de cette racine.

Nous allons voir qu'il n'en est rien et que d'autres cultivateurs ont obtenu des résultats inespérés en utilisant ces boues à doses massives pour en recouvrir des terrains incultes.

Désireux de ne décrire que des méthodes ayant fait leurs preuves, nous avons recherché, parmi toutes les sucreries, celles qui ont adopté ce système ; nous en avons trouvé deux particulièrement intéressantes à étudier, et nous allons résumer ci-dessous les résultats de nos observations.

CHAPITRE II

Usine de Chevrières

La première usine, sur laquelle nous nous étendrons plus longuement, celle de Chevrières (Oise), nous est bien connue ; elle se trouve dans la commune même où nous habitons pendant nos vacances ; nous y avons donc suivi la fabrication pendant plusieurs campagnes et avons été vivement intéressé par les résultats obtenus.

La plaine qui l'entoure est bornée au Nord et à l'Est par de légères collines, la séparant de la plaine d'Estrées-Saint-Denis proprement dite ; elle s'étend en demi-cercle face à l'Oise, vers laquelle elle s'abaisse en pente douce, s'élargissant peu à peu. Cependant, parallèlement au lit de l'Oise, s'étend, depuis la plaine de Longueil-Sainte-Marie jusqu'au-delà de Pont-Sainte-Maxence, une bande de largeur assez faible mais très variable, légèrement surélevée, qui barre la route à l'écoulement des eaux et borde une partie marécageuse, à sol tourbeux dans toute la partie Nord. Elle présente seulement quelques centaines de mètres de largeur sur les territoires de Chevrières et d'Houdancourt et s'élargit ensuite pour former les marais de Sacy-le-Grand.

La ligne de chemin de fer de Paris à Saint-Quentin longe la partie marécageuse, entre les gares de Chevrières et de Pont-Sainte-Maxence. 50 hectares de ces marais, tant sur la commune d'Houdancourt que sur celle de Chevrières, dépendent du domaine du Quesnoy, appartenant à M. Maurice Langlois.

Ces terrains étaient jusqu'alors impropres à toute culture ; une analyse de ce sol tourbeux, faite il y a quelques années, avait révélé qu'il contenait :

Matières organiques............	75,0000 %
Azote	2.2270 %
Acide phosphorique...........	0,1876 %
Potasse	0,2686 %
Chaux	6,8124 %

Tels quels, l'utilisation de ces terrains était donc impossible ; parsemés de fondrières et de sources cachées, leur abord n'était du reste pas sans présenter quelques dangers et demandait une grande connaissance des lieux.

La végétation y était essentiellement composée de roseaux (*phragmites communis*) et de carex (*carex paniculata*), parmi lesquels on voyait ça et là quelques épilobes des marais (*epilobius palustre*), des fétuques bleues, des glycéries flottantes (*glyceria fluitans*) ; enfin de rares bouleaux et des aulnes glutineux végétaient en quelques endroits.

Des fossés d'écoulement y avaient été aménagés, mais les eaux se trouvaient encore partout à fleur de sol.

En dehors de la coupe de quelques touffes de bois, la seule ressource à tirer de ces marais provenait des herbes qui, l'été venu, pouvaient être fauchées et utilisées comme litière pour les bêtes, surtout dans les années où la paille faisait défaut.

Les voiries qui desservaient ces marais étaient malheureusement elles-mêmes sur terrain tourbeux, et le passage des bêtes et des voitures n'y était guère possible. Des bœufs s'y enfonçaient souvent jusqu'au ventre, et nous nous souvenons avoir vu passer plusieurs heures pour réussir à les extraire de la position difficile dans laquelle ils se trouvaient. Seule, une longue période de gelée permettait l'accès facile de ces marais avec des chariots, et l'on devait souvent attendre l'hiver pour en sortir les herbes fauchées pendant l'automne.

Une analyse de ces herbes, faite il y a plusieurs années, avait indiqué la composition suivante :

PAR 1.000 KGS	HERBES DE MARAIS	PAILLE DE BLÉ	PAILLE D'AVOINE
	kgs	kgs	kgs
Humidité	43,00	141,00	141,00
Azote	10,64	3,20	4,00
Acide phosphorique..	0,28	2,30	1,80
Potasse	6,75	4,90	9,70
Soude	1,12	1,20	2,30
Chaux	7,82	2,60	3,60
Magnésie	2,41	1,10	1,80
Cendres	45,00	42,60	44,00

Dans le tableau précédent, nous avons rapproché, en regard de l'analyse des herbes, celles de la paille de blé et de la paille d'avoine. On peut y remarquer que les pailles de blé et d'avoine contiennent plus d'humidité que les herbes de marais, qui avaient été séchées à l'étuve à 40° avant analyse. Si on les emploie humides, il y a évidemment lieu de tenir compte de l'abaissement de richesse dû à l'excès d'eau. En ramenant l'analyse à l'état de siccité absolue, pour les quatre éléments essentiels, on arrive aux résultats suivants :

PAR 100 KGS DE MATIÈRES SÈCHES	HERBES DE MARAIS	PAILLE DE BLÉ	PAILLE D'AVOINE
	kgs	kgs	kgs
Azote	11,11	3,72	4,66
Acide phosphorique..	0,29	2,67	2,09
Potasse	7,04	5,69	11,19
Chaux	8,16	3,03	4,19

Cette comparaison donne lieu à une remarque fort intéressante : tandis que pour l'azote, la potasse et la chaux, les herbes de marais sont plus riches que les pailles, pour l'acide phosphorique, elles sont dix fois plus pauvres. On comprend alors pourquoi elles végètent activement dans des sols où l'acide phosphorique fait presque défaut, et on s'explique aussi la raison pour laquelle l'assainissement et l'apport de phosphates les fait disparaître, pour les remplacer par des espèces meilleures, mais plus exigeantes à l'égard de l'acide phosphorique.

Cette analyse montrait nettement que ces herbes ne pouvaient être utilisées que comme litières, et encore le fumier en provenant devait être très pauvre en acide phosphorique et nécessitait son enrichissement, soit par addition de phosphates fossiles, sous les bestiaux mêmes ou à la sortie des étables, soit par l'emploi de doses plus importantes de superphosphates ou de scories sur les terres où il serait répandu.

La valeur foncière de ces 50 hectares de marais était donc presque nulle, et depuis longtemps leur propriétaire avait cherché à leur donner une meilleure utilisation.

Le gérant de la sucrerie de Chevrières, désireux de s'éviter la manutention des terres provenant du lavage de ses betteraves, et surtout gêné de plus en plus par le colmatage de ses mares, qui n'absorbaient plus l'eau, cherchait à les évacuer dans des terrains bas sous forme d'eaux boueuses. Il vint trouver le propriétaire des marais, qui se trouvait également possesseur de la totalité du sol situé entre ces marais et l'Oise (et était par conséquent maître de l'écoulement des eaux), lui proposant de déverser les boues de la sucrerie sur ses terrains marécageux.

Avant d'accepter et de laisser entreprendre un travail aussi important, le propriétaire fit effectuer des études sérieuses pour s'assurer que les fossés étaient capable de débiter les eaux ainsi amenées, en surplus des eaux pluviales, sans relever le plan d'eau, ce qui aurait pu nuire non seulement aux terrains eux-mêmes, mais encore à ceux de tous les riverains.

La pente se trouvait être très faible, et un apport de 40 à 50 mètres cubes d'eau à l'heure ne pouvait passer inaperçu.

L'étude de l'évacuation des eaux fut confiée à un spécialiste; celui-ci reconnu que le fossé principal devant être utilisé présentait une longueur de 2.040 mètres entre le point moyen de déversement des boues et le confluent avec la rivière d'Oise. Sa pente moyenne était de 1 $^m/_m$ 3 par mètre. En supposant le fossé curé régulièrement après chaque campagne de fabrication, il était donc possible d'évacuer normalement 80 à 100 mètres cubes d'eau à l'heure, quantité reconnue suffisante.

D'ailleurs, l'étude montra que si l'on remontait le plan d'eau au départ de 10 centimètres seulement, l'évacuation pourrait atteindre 160 à 200 mètres cubes à l'heure, soit exactement le double du chiffre prévu. Or, aucun profil en travers ne s'opposait à ce relèvement.

L'étude ayant été faite à un moment où l'Oise présentait un niveau normal, on se préoccupa également de savoir ce qui aurait lieu en cas de crues. Celles-ci se font surtout sentir aux mois de janvier, d'avril et de mai ; or, à ces époques, la fabrication est terminée et l'usine n'a plus à déverser d'eau. Malgré tout, on reconnut que, par les plus hautes crues enregistrées, on se trouverait encore, au point de départ du fossé d'évacuation, à 0^m25 au-dessus du niveau de la rivière. Cette constatation était pleinement rassurante.

Dans ces conditions, une entente put intervenir entre MM. H. et Cie, fabricants de sucre, et M. Langlois, propriétaire des terrains, et un contrat bien étudié fut signé en 1908.

Le directeur de la sucrerie se préoccupa ensuite d'obtenir les autorisations de passage, pour la canalisation qui devait partir de l'usine et atteindre l'entrée des marais à remblayer.

La distance à vol d'oiseau était de 2 km. 300, mais pratiquement on fut obligé d'adopter un tracé légèrement plus long, pour éviter de passer sur des terres appartenant à des exploitants qui s'opposaient aux travaux. La propriété est en effet très morcelée dans la plaine de Chevrières, et le tracé définitif traversait 71 parcelles de terre. Des indemnités souvent assez élevées durent être payées, tant aux propriétaires qu'aux locataires ; finalement, un contrat type fut signé par tous les propriétaires.

Des ententes durent également intervenir entre la sucrerie et les communes de Chevrières et d'Houdancourt, ainsi qu'avec la Compagnie des Chemins de fer du Nord, la canalisation souterraine traversant plusieurs routes ou chemins communaux, et une buse de 1 mètre de diamètre devant être posée sous la voie principale de Paris à Saint-Quentin, pour faciliter l'écoulement de l'eau vers la rivière. Elles nécessitèrent de longues négociations, qui durèrent plusieurs années.

La canalisation allant de l'usine **aux marais** fut

posée en tuyaux de fonte de 2 à 3 mètres de longueur et de 150 $^m/_m$ de diamètre, avec joints raccords en caoutchouc. Une pente naturelle de 7 $^m/_m$ 5 par mètre existait entre la sucrerie et le marais ; l'expérience montra, dès la première année de marche, que cette pente n'était pas suffisante pour assurer la vitesse voulue aux eaux chargées de terres. Des obstructions se produisirent, et l'on dut installer à l'usine une pompe foulante de 15 mètres de pression, assurant aux boues une pression totale de 30 mètres pour leur passage dans la canalisation.

A partir de leur entrée dans le marais, les tuyaux furent posés sur des digues ayant 0^{m}70 de hauteur et formées au moyen de terre prise latéralement ; cette canalisation est déplacée tous les ans et avancée au fur et à mesure du remblaiement.

L'usine arrive à recouvrir chaque année une superficie de 1 hectare à 1 ha. 1/2, suivant la quantité de betteraves traitée au cours de la campagne et le chiffre de la tare, fonction de l'humidité pendant la période d'arrachage. Il faut souvent repasser deux années de suite sur la même partie, afin de bien niveler le terrain et d'obtenir un travail régulier.

La parcelle à remblayer est divisée en bassins de 50 ares environ, au moyen de talus de 0^{m}70 à 0^{m}80 de hauteur. Les touffes de bois sont coupées et les herbes fauchées, pour permettre aux boues de se répandre facilement. L'extrémité de la canalisation est légèrement relevée pour éviter la formation de poches d'air et de coups de bélier.

Au début, les tuyaux sont installés pour déverser la boue sur le point le plus éloigné du terrain à remblayer ; tous les deux ou trois jours, on déboîte un tuyau pour changer le point de déversement. A la sortie du tuyau, se déposent toutes les parcelles sablonneuses, et l'argile est entraînée plus loin ; le terrain remblayé n'est donc pas complètement homogène.

Un homme vient tous les jours pour surveiller l'étanchéité des digues, modifier le point de déversement, s'il y a lieu, et s'assurer que le nivellement se produit avec régularité. Il ne peut, bien entendu, circuler sur le terrain en cours de travail ; il doit suivre les digues et spécialement la ligne des tuyaux, où le sable s'étant déposé en premier, le terrain est plus solide et peut porter le poids d'un homme.

La fabrication se termine généralement dans les derniers jours de décembre. Le terrain remblayé est alors abandonné à lui-même et les terres s'égouttent lentement ; lorsque le sol est suffisamment asséché, on constate le développement d'une végétation abondante, composée d'une multitude de plantes, prenant un développement considérable et atteignant souvent 1^{m}50 à 2^m de hauteur.

Nous donnons ci-dessous la liste des principales plantes que nous avons pu reconnaître au sein de cette végétation ; leur présence s'explique par le fait que ces terres sont gorgées de matières organiques, leur acidité s'étant notablement amoindrie par les apports de boues de sucrerie, mais n'ayant pas disparu complètement.

PLANTES RECONNUES DANS LES MARAIS AYANT REÇU

DES BOUES DE SUCRERIE

RENONCULACÉS :

Ranunculus sceleratus, L. (renoncule scélérate).
Ranunculus repens, L. (bouton d'or).

ROSACÉES :

Potentilla anserina, L. (potentille ansérine).
Spirea ulmaria, L. (reine des prés).

ONAGRARIÉES :

Epilobium palustre, L. (épilobe des marais).
Epilobium parviflorum, Schreb. (épilobe à petites fleurs).

LYTHRARIÉES :

Lythrum salicaria, L. (lythrum salicaire).

OMBELLIFÈRES :

Heracleum sphondylium, L. (berce, blanc-ursine).
Angelica palustris, L. (angélique des marais).

RUBIACÉES :

Gallium mollugo, L. (gaillet molligine).

COMPOSÉES :

Pulicaria dysenterica, Gærtn. (herbe de Saint-Roch).
Matricaria inodora, L. (matricaire inodore).
Sonchus arvensis, L. (laiteron des champs).

PRIMULACÉES :

Lysimachia vulgaris, L. (lysimaque vulgaire).

LABIÉES :

Mentha aquatica, L. (menthe aquatique).

SALSOLACÉES :

Chenopodium Bonus-Henricus, L. (épinard sauvage).

POLYGONÉES :

Polygonum persicaria, L. (renouée persicaire).
Polygonum hydropiper, L. (renouée poivre-d'eau).
Polygonum aviculare, L. (renouée des oiseaux).
Rumex nemorosus, Schrad. (rumex des bois).

JONCÉES :

Juncus bufonius, L. (jonc des crapauds).

GRAMINÉES :

Phragmites communis, Trin. (roseau à balais).
Glyceria fluitans, R. Br. (glycérie flottante).
Agrostis spica-venti, L. (agrostis jouet-du-vent).

MOUSSES :

Funaria hygrometrica (funaria hygrométrique).

Quand l'été n'est pas trop pluvieux, on peut, dès le mois de juin, labourer une bonne partie de ces terres remblayées, surtout dans toutes les parties hautes, où le travail est complètement terminé ; on évite ainsi la croissance de toutes les herbes signalées ci-dessus et l'on peut, par des façons aratoires multiples, faire germer et détruire une quantité importante de ces mauvaises graines.

Dans les étés secs, on a même pu semer, à la fin de juin ou au début de juillet, du sarrasin, dont la levée est excessivement rapide, et qui étouffe, grâce à son développement, toute la végétation spontanée. Ce sarrasin peut alors être coupé en vert six à sept semaines plus tard.

Le travail d'ameublissement de la terre facilite beaucoup l'évaporation des eaux de la couche inférieure, et dès l'année suivante il est possible d'exécuter au printemps un labour très profond, qui a l'avantage de bien mélanger les couches successives du dépôt et d'aérer le sol, trop compact par suite de la façon dont il s'est constitué. Les terres sont alors prêtes à être mises en culture.

Des analyses faites sur des échantillons prélevés dans les parties remblayées depuis une ou deux années ont donné les résultats suivants :

ANALYSE PHYSICO-CHIMIQUE

Pour 100 de terre brute séchée :

	I	II
Terre fine............	99,20	98,40
Cailloux	0,80	1,60
Sable siliceux........	86,12	83,72
Argile	6,48	5,10
Calcaire	4,57	7,42
Débris organiques....	1,26	1,19
Humus	»	»
Eau	0,77	0,87

ANALYSE CHIMIQUE

Pour 100 de terre brute séchée :

	I	II
Azote	0,0850	0,0850
Acide phosphorique..	0,0912	0,0917
Chaux	2,5592	4,1600
Magnésie	0,3000	0,2900
Potasse	0,1870	0,1972

On se trouve ainsi en présence d'une terre siliceuse pourvue d'argile et de chaux. L'azote et l'acide phosphorique y sont en quantités un peu faibles, tandis que la potasse est nettement déficitaire.

Il est donc indiqué d'y semer, la première année de culture, un mélange de scories et de sylvinite, d'autant plus que ces terres portent généralement comme tête d'assolement une pomme de terre.

L'année suivante, on y récolte une betterave fourragère ; dès la troisième année, on peut les ensemencer en herbe, semée dans une avoine très claire que l'on ne récolte souvent pas, la végétation du semis des graminées et surtout des légumineuses étant tellement rapide que l'on préfère y mettre des bêtes au pâturage dès la fin de juillet, avant la maturité de l'avoine.

Les récoltes faites sur les deux soles de plantes sarclées sont en général très abondantes ; de multiples façons aratoires doivent être données au cours de la végétation, ces terres ayant tendance à se salir rapidement. Mais le but final que se propose le propriétaire est de créer des herbages, et nous voyons qu'il y procède dès la troisième année.

Ces derniers sont entourés au moyen de clôtures composées de piquets métalliques, sur dés en béton de ciment, et de quatre lignes de fils de fer ronces. Des abreuvoirs y sont ménagés, soit en réservant certaines sources naturelles que l'on évite de combler au moment des apports de boues, soit en creusant simplement des mares de 2 mètres de profondeur.

Des lignes de peupliers peuvent être plantées autour de ces herbages. Ils poussent très rapidement, donnent en été de l'ombrage aux animaux, et sont d'un excellent rapport. Des fossés entourent les terrains remblayés ; ils doivent être faucardés et curés tous les ans, pour assurer l'écoulement des eaux souterraines et des eaux de pluies en excédent.

Un mélange de 300 kgs de scories et de 300 kgs de sylvinite riche, épandu tous les ans pendant l'hiver, contribue à maintenir la bonne qualité des herbages.

CHAPITRE III

Usine de Colleville

Après avoir décrit assez longuement les épandages faits par la sucrerie de Chevrières, nous tenons avant de clôre cette quatrième partie de notre thèse, à parler du travail tout spécial entrepris par la sucrerie de Colleville (Seine-Inférieure), travail que nous avons visité et sur lequel nous avons pu recueillir des renseignements très intéressants.

M. Le Clerc, propriétaire du domaine de Colleville, possède, à proximité de la fabrique de sucre, des prairies marécageuses, sur une partie desquelles il a fait un épandage massif de terres de betteraves. Il possède également une carrière de marne importante, à mi-côte d'une des deux collines qui encadrent la vallée de Talmont, où se trouvent ces prairies.

M. Le Clerc a conclu, depuis plusieurs années, avec la sucrerie l'entente suivante : il met à la disposition de l'usine sa carrière de marne, la laissant extraire gratuitement toutes les quantités dont elle peut avoir besoin. Il lui impose, par contre, l'obligation de remblayer annuellement, à l'époque qui lui convient le mieux, un demi-hectare d'herbage marécageux, pris dans les parties les plus mauvaises, avec une couche de marne de 0^{m}40, recouverte ensuite par un lit de terre d'égale épaisseur.

Les terres employées proviennent du nettoyage des

cours, des débris trouvés au fond des **wagons** et des tombereaux, enfin des mares à boues remplies l'**année** précédente et qui ont eu ainsi une année pour s'assécher.

La sucrerie procède ordinairement à ce travail dans le courant de janvier, alors que, la fabrication terminée, elle dispose encore de tout son personnel.

Tous les frais sont à la charge de la sucrerie, qui peut, si elle le désire, utiliser le Decauville de M. Le Clerc. Ce contrat exceptionnel s'explique du fait que celui-ci est un des principaux actionnaires de l'usine et peut donc traiter à des conditions très avantageuses.

Le terrain, ainsi remblayé sur une épaisseur de 0^m80, se tasse au cours de l'été et ne conserve en général qu'une surélévation de 0^m60. Il est laissé inculte une année entière, pour favoriser le tassement complet du sol. L'année suivante, on y pratique de nombreux travaux aratoires, pour détruire toutes les mauvaises graines.

Au printemps de la seconde année, le terrain est ensemencé en herbe, dont on ne récolte le foin que tardivement, pour bien laisser les plantes s'enraciner. Puis des clôtures sont aménagées, et l'année suivante on y lâche de jeunes bovins d'élevage.

Ce système, que M. Le Clerc emploie depuis huit ans, donne également d'excellents résultats; les prairies créées peuvent entretenir toute l'année une bête et demie à deux bêtes par hectare.

CONCLUSION

Dans cette thèse, nous avons essayé de montrer le travail considérable auquel se sont livrées certaines populations maritimes, pour récupérer des terrains autrefois recouverts par les marées pendant une grande partie de l'année, et ce que l'on pouvait obtenir en employant judicieusement les terres résiduaires de certaines industries agricoles.

On a pu constater l'effort considérable accompli dans certaines régions à cet égard. Par contre, de nombreux terrains peuvent encore être acquis à la culture, des milliers d'hectares sont encore à récupérer en France !

Nous n'avons pas la prétention d'avoir exposé le problème dans son entier, des volumes eussent été pour cela nécessaires ; mais notre but, plus modeste, a été d'éveiller l'attention de la jeunesse, se portant vers la profession agricole, sur la nécessité d'étendre toujours la surface cultivée de notre pays pour accroître sa production agricole.

C'est dans le but d'inciter quelques-uns de nos camarades à s'adonner à leur mise en culture que nous avons entrepris ce travail.

En terminant ce volume, nous exprimons tout spécialement notre gratitude à ceux qui nous ont aidé de leurs précieux conseils : à notre oncle, M. Maurice Langlois, qui nous a facilité l'étude des remblaiements de marais par les boues de sucrerie; à M. L. Paixhans, qui a bien voulu nous accompagner au cours du voyage d'études que nous avons entrepris dans la région du Mont Saint-Michel et dans celle du Pas-de-Calais, nous documentant tout le long de la route sur les régions que nous traversions ; enfin à nos chers professeurs de l'Institut Agricole de Beauvais, dont nous avons à chaque pas utilisé les précieux enseignements.

Qu'ils trouvent tous ici l'expression de notre profonde gratitude et de notre reconnaissance !

Ch. BAILLOU

Imprimerie Départementale de l'Oise, 26, Rue de Malherbe, Beauvais